全国高等院校设计专业精品教材

刘宝岳 丛书主编

书籍装帧设计

陆路平　王妍珺　编著

中国建筑工业出版社

图书在版编目（CIP）数据

书籍装帧设计／陆路平，王妍珺编著.—北京：中国建筑
工业出版社，2013.6
（全国高等院校设计专业精品教材）
ISBN 978-7-112-15464-7

Ⅰ.①书… Ⅱ.①陆… ②王… Ⅲ.①书籍装帧—
设计—高等学校—教材 Ⅳ.①TS881

中国版本图书馆CIP数据核字（2013）第110418号

　　本书分五个章节，比较全面地介绍了书籍形态的演变和发展趋势、书籍设计的概念、书籍装帧基本知识、书籍形态的解读，从书籍的立体结构展开阐述书籍外观和内在的设计要领，通过大量的案例点评和国内外设计大师的作品赏析，深入浅出地论述了书籍整体设计的观念和方法。本书的各章节笔墨有轻重缓急之分，通过学习可系统掌握书籍设计的基本理论和相关知识，了解书籍设计的新理念和未来的发展趋势。本书可作为设计专业的本、专科教材，对于广告专业、视觉传达相关专业人员的学习有一定的参考价值。

责任编辑：李成成　李东禧
责任校对：肖　剑　陈晶晶

全国高等院校设计专业精品教材
刘宝岳　丛书主编

书籍装帧设计

陆路平　王妍珺　编著
＊
中国建筑工业出版社出版、发行（北京西郊百万庄）
各地新华书店、建筑书店经销
北京美光设计制版有限公司制版
北京方嘉彩色印刷有限责任公司印刷
＊
开本：880×1230毫米　1/16　印张：5　字数：170千字
2013年10月第一版　2013年10月第一次印刷
定价：**39.00**元
ISBN 978-7-112-15464-7
　　　　（24012）

序

我国艺术设计教育事业近20年有了长足的发展，尤其是设计专业，教育体系日臻成熟，教学成果日益显著，这种情况下，优选优秀教材的工作就显得十分迫切。可以说，目前国内同类教材的编写，自20世纪70年代以来从无到有，从开始的引进、翻译，到现在的40多个版本，取得了可喜的成绩。这离不开从事艺术设计专业教育的广大教师的努力和探索。然而，作为艺术设计专业课受众最多的教材，也面临许多问题：教材中，有的知识老化，千面一孔；有的理论概念简单，图解化和几何化现象严重；有的过于强调学术性，缺乏作为教材应具有的理论知识及逻辑梳理；有的教材则出现理论教育与设计实践相脱节的情况；还有不少教材的编写粗制滥造。

当前，我国现存的艺术设计专业教材体系和教材的选用基本形成了南北两大体系。南方体系出版教材具有一定的前卫性，思维活跃，变化快；而北方体系出版的教材系统性强，基础坚实。当前存在南方不选用北方教材、北方不选用南方教材的情况。然而，我坚信一套优秀的教材会突破南北特性差异及固有的地域界限，会为大家共同接受。

此次编写的《全国高等院校设计专业精品教材》丛书，作者为具有丰富一线教学经验的教师。该丛书是他们集多年教学和研究经验，筛选教学实践中的资料和部分优秀作业的精华，根据我国艺术设计专业课程的教学改革和专业特色，并参照国家教育规划纲要的创新与需要而编写，其特色如下：

1. 该书理论系统内容完整、概念清晰、既有基本理论、基础知识，也有基本技法，特别注重理论与实践的结合。

2. 该书各章节均以设计为主线，针对性强，重点突出，脉络清晰。

3. 该书内容十分丰富，整套丛书所附的设计范图多达数千余幅，多数章节配有设计步骤图，便于指导读者学习或自学，而且还有不少深入浅出的赏析文字，可读性强。

4. 该书无论是设计方法还是具体图例，都严格按照教学大纲要求，源于实践、生动活泼，更切合实用。

5. 此套教材各个章节增加了课程设计，此为创新之举。鼓励学生运用形象思维方式去思考理论创新问题，这使该教材更加符合艺术设计教育的专业特点，即形象化教学的艺术教育规律，此为该丛书的一大特色。

6. 该丛书有别于市场同类教材20年来形成的知识老化，理论概念简单、图解化、几何化的现象，一改基础理论教育与设计实践相脱节的弊病，在深化理论的基础上联系实际，强调基础教学为设计服务的理念，用丰富的艺术形式和艺术语言使其呈现多样性，特色鲜明。此套丛书具有的特色和强人之处，或许可以使艺术设计专业的课程体系更加完善，受到更多师生的欢迎，为一线教学作出贡献。

丛书主编 刘宝岳

前　言

书籍随着人类文明的发展而产生，在促进人类文明进步方面起了重要作用。书籍兼具了物质和精神双方面的特殊性，这样就给书籍视觉设计工作带来一定的难度，既要保证其阅读的基本功能，又要体现其特有的视觉特质。人们对于书籍视觉创作的渴望和要求总是远远超越一般的设计对象，所以说书籍设计是平面设计中最具有广泛的社会效应和文化意义的。

书籍设计是一项整体的视觉传达活动，它的目标是用文字、图形、色彩等符号把作者所表达的思想、内涵、精神记录下来，印刷并装订成册传达给广大读者，是内容和形式的高度统一，体现的是技术与艺术的完美结合，给读者带来身、心、智、美的精神享受。

本书从美学、心理、形态、结构和工艺等多个角度出发，分类进行了章节论述，编写中力求科学性、艺术性、理论性、知识性、实用性的统一，站在设计发展前沿，尽可能地给读者以较大的信息量，使之具有一定的前瞻性。同时，也注重图文并茂、易于理解、深入浅出，力求为读者建构一个整体的书籍创作概念。

本书比较全面地介绍了书籍形态的演变和发展趋势、书籍设计的概念及社会功能、书籍装帧基本知识、书籍形态的解读、从书籍的立体结构展开阐述书籍外观和内在的设计要领，通过大量的案例点评和国内外设计大师的作品赏析，深入浅出地论述了书籍整体设计的观念和方法。本书的各章节笔墨有轻重缓急，通过学习，能系统掌握书籍设计的基本理论和相关知识，了解书籍设计的新理念和未来的发展趋势，考虑到阅读的方便，每章末附复习思考题。

本书可作为高等院校设计专业《书籍装帧设计》课程的教材，也可作为包装工程专业、印刷工程专业、编辑出版等相关专业的教科书，更是一般读者了解书籍装帧设计的实用参考书。

限于对这个课题的研究的不够和学识的局限，书中的偏颇和不足在所难免，希望大家给予及时的指正。谢谢！

目 录

第一章 书籍设计概述

本章重点：
了解现代书籍整体设计的理念，认识书籍设计的目的。

学习目标：
了解书籍形态的演变，明确书籍设计的概念和目标， 思考书籍未来发展的方向。

导语：
书籍是人类社会自文字产生以来的物质载体，是人类记录文明成果的主要工具，也是人类交流情感、获取知识、传承经验的主要媒介。书籍作为人类文明的载体和象征，已经走过数千年的历史，书籍形态首先是随着科技的发展而发展的，特别是材料和制作工艺等条件的发展变化对书籍形态的影响十分重大。

了解历史、了解传统，可以使我们穿越时空，感受祖先的智慧，也可以清晰地了解事物的现状、由来及其发展规律，从而寻求努力方向，所以历史是我们今天创意设计的源泉。

1 传统书籍形态之演变
中国的书籍，首先从结绳、甲骨等最简单的载体开始，继之是竹简木策、帛绢绸缎。蔡伦造纸术的发明，为书籍的书写、记录、发展提供了人为条件，也为书籍的美观、大方、轻便准备了基础。

1.1 纸之前的探索
中国现存最早的文字是发现于河南安阳的"殷墟"甲骨文，这是一种把文字刻在龟甲兽骨上，完整地记载事件过程的语言文字，它可以追溯到商代，我们称这些文字记录为中国书籍的雏形。

后来人们把文字刻在竹片或木片上，用丝或绳编连在一起，称为"简策"， 这种装订方法，是早期书籍装帧比较完整的形

■ **图1-1 古代书籍的雏形**

■ **图1-2 最早的简策装**

a   b

态，它已经具备了现代书籍装帧的基本形式。该装帧方式开启了竖排由右向左的阅读方式。

在简策书籍流行的同时，伴随丝制品的出现，有一种以帛为材料制成的书，以卷轴形式出现，称为"帛书"。它质地细密，分量极轻，成本昂贵。大约在春秋年间就已出现，卷轴形态被看作是早期书籍的形式之一。

【知识窗】
甲骨文是现存中国最古老的一种成熟文字。甲骨文又称契文、龟甲文

或龟甲兽骨文。商朝人用龟甲、兽骨占卜后，把占卜时间、占卜者的名字、所占卜的事情用刀刻在卜兆的旁边，殷墟出土了大量刻有卜辞的甲骨，这些字都具备了汉字的基本结构。大量的甲骨文及铭文，既记载了当时政治、经济、军事以及气象、占卜方面的情况，又标志着文字的发展接近成熟。

1.2 纸质时代的演变

当我们现在翻阅泛黄的旧书，或是找到线装的古籍，会有一种油然而生的敬意，也许是感受到了古人发明纸张的伟大。纸张与书籍为人类带来了无数次历史革命和文化进步。

纸的发明使竹木简策和帛书渐渐被代替，书籍的形态也历经卷轴装、旋风装、梵夹装、经折装、蝴蝶装、包背装和线装等变化过程。

卷轴装是应用最久的装帧形式，是由简策卷成一束的装订形式

演变而来。它由卷、轴、缥、带四个主要部分组成，如图1-3所示。卷，即纸(帛)卷本身；轴，多为木制的圆棒，略长于卷的宽度，以便卷起；缥是用绢、罗、绵等材料粘裱在卷的左右以免头尾磨损；带是附粘于裸头上用于缚扎用的丝带。卷轴的形式始于周，盛行于隋唐，一直沿用至今。隋唐以后中西方正是盛行宗教的时期，卷轴装除了记载传统经典史记等内容以外，就是众多的宗教经文。中国多以佛经为主，西方也有卷轴装的形式，多以圣经为主。卷轴装书籍形式今天已不被采用，而在书画装裱中仍被应用。

经折装最早用于佛经的装订，出现在由卷轴向册页的过渡。经折装通常也称折子装，是针对卷轴装书籍繁琐的阅读过程而改进的。它将长幅的书页按一定的规格反复折叠成册，并在其前后装裱夹板作为封面和封底。它的形态完全改变了卷轴装的形式，使其踏入了正规书籍册页的阶段。我国书画家所钟爱的册页和裱本字帖、企业广告样本、旅游介绍等就是沿袭了这种装帧形态，如图1-4所示。

◘ **图1-3 卷轴装**

◘ **图1-4 经折装**

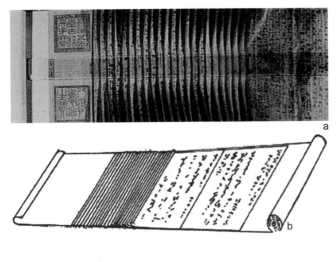

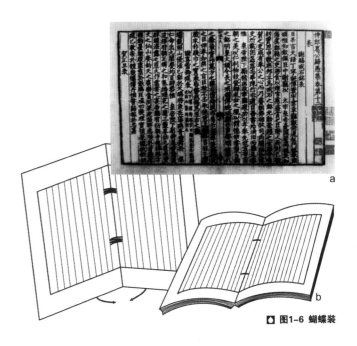

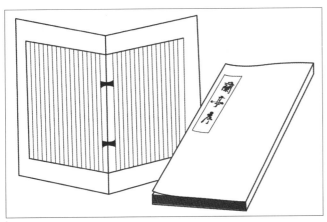

🔘 图1-5 旋风装

🔘 图1-7 包背装

🔘 图1-6 蝴蝶装

🔘 图1-8 线装

旋风装书籍是在经折装书籍的基础上改进成型的，外部形态区别不大，主要差异在于卷轴的内部结构，虽然经折装书籍改善了卷轴装书籍阅读不便的缺陷，但是由于长期翻阅折口易断开，从而使书籍难以长久保存，所以古人开始把写好的书页按照先后顺序依次相错地粘贴在整张纸上，形成了介于卷轴和册本之间的书籍形态，这样既便于阅读又利于书籍的保存，如图1-5所示。

蝴蝶装也称蝶装，是早期的册页装。书籍以书页中缝为准，将印有文字的书页向内对折，并将对折后的书页粘结成册，在翻阅的过程中，蝴蝶装书籍的书页如同蝴蝶两翼翻飞，因而得名。但受到单面印刷的限制，蝴蝶装书籍的书页之间不可避免地形成了空白页，因此阅读过程不是那么流畅，如图1-6所示。

在外部形态上，包背装书籍以纸捻穿订代替了蝴蝶装书籍的粘接，而因其包背纸(封面)不穿纸捻，因此得名。包背装书籍与蝴蝶装书籍的主要区别在于，包背装书籍对折书页时文字朝外，背面相对，无字面朝里，书页呈双页状，这种书页形态弥补了蝴蝶装书籍空白页面的缺陷，保证了书籍内容的连贯性（图1-7）。

线装书籍是中国古代历史上最完美的书籍形态，达到了我国传统装帧形式的顶峰。与包背装书籍的结构不同，线装书籍将封面和封底粘贴在书心表面，一起打眼钉线，书脊和锁线外露，常见的是四孔订法，也有六孔、八孔。书皮一般除用磁青或黄色纸外，有用布，或蓝绫、蓝绢、黄绫面的，再贴上印好的书名签。线装书籍作为古代最具代表性的书籍形态，有着与现代书籍截然不同的视觉气质，因此常常被现代书籍设计作为一种特殊形态的表现手段，如图1-8所示。

2 现代书籍形态的发展

在人类历史发展中，书籍的形态伴随着文明的进步而不断变化和发展，并形成了不同时代截然不同的书籍定义。对于现代书籍设计，书籍的历史与发展体现在不同的时代背景和技术条件下，人们对于书籍的审美观点以及对书籍的本质思考，这些认识和思考从形态和观念上丰富着现代书籍的设计语言。

2.1 现代书籍形态诞生

我国的书籍装订，在上述装帧形式之后历经两千多年的演变，到了近代，随着五四运动的发展和西方近代印刷术的传入、铅印技术的发展、照相制版的诞生、电脑的发明与使用、现代化印刷设备的普及、激光与电子技术的广泛应用、形形色色的装帧材料的出现，以及我们现在使用的铜版纸、轻铜纸、轻型纸、胶版纸、字典纸、新闻纸等，都是在历史长河的累积中沉淀的结果。纸张的进步和发展给书籍带来了无穷无尽的式样，也给我们制作书籍提供了可发挥的空间和舞台。现代书籍无论是从材质、印刷工艺到装订方式，无不呈现出崭新的风采。平装和精装逐渐取代了中国传统的装订形式，占领了书籍的装订市场（图1-9）。

平装是铅字印刷以后近现代书籍普遍采用的一种装帧形式，结构上由书皮和书页两个部分构成。书皮，即通常说的封面(包括封面、书脊和底封)，跟现代的商品包装一样，它既有保护书心的作用，又有美化、宣传、装饰的功能。书页是书籍文字(或图表)的载体，包括了扉页以及印有正文的所有版面。

精装书籍在清代已经出现，是西方的舶来方法。精装书最大的优点是护封坚固，起保护内页的作用，使书经久耐用。精装书的内页与平装一样，多为锁线钉，书脊处还要粘贴一条布条，以便更牢固地连接和保护。护封用材厚重而坚硬，封面和封底分别与书籍首尾页相粘，护封书脊与书页、书脊多不相粘，以免翻阅时牵动内页，比较灵活。书脊有平脊和圆脊之分，平脊多采用硬纸板做护封的里衬，形状平整。圆脊多用牛皮纸、革等较韧性的材质做书脊的里衬，以便起弧。封面与书脊间还

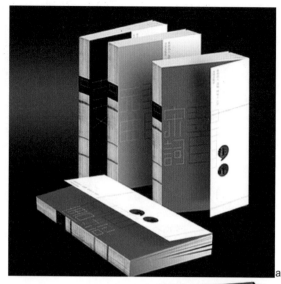

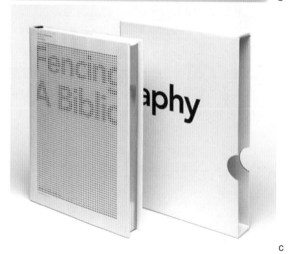

◨ **图1-9 现代书籍形态**

要压槽、起脊，以便打开封面。精装书印制精美，不易折损，便于长久使用和保存，设计要求特别，选材和工艺技术也较复杂，所以有许多值得研究的地方。使用价值较大的经典名著、学术专著、工具书和画册，往往采用精装的形式。

与老式图书相比，西方近现代图书，开本更加丰富多样，装帧式样更加个性化、现代化，书籍材质更加精良，印制更加精致，装饰更加华丽，版式更加自由，编排更加宽松大度；工艺档次、文化含量、审美品位更高。

2.2 数字出版开启阅读新方式

多种阅读载体的出现，使人们在观念上打破了对书籍形态的认识，纸质书今后将作为众多媒体形式的一种，数字书籍省去了印刷发行环节，可以直接面对读者。其实数字阅读跟纸质阅读本质上没什么不同，只是阅读形式发生了变化。它可以展现读者与著作者间的互动，动态的内容能够快速检索，而且可以观看图片、影像，甚至还可以聆听音乐和有声文字，方便读者批注、延伸阅读、书签管理、编写读书笔记等。尤其是在展现读者与著作者间的互动方面，依托因特网，结合多媒体技术，借助阅读的平台，可以实现读者与著作者（出版者）间的互动，读者可以参与进来，分享众多阅读成果，实现书籍传播知识的双向互动，应该是书籍阅读方式的革命。

在电影《哈利·波特》关于报纸和书籍的镜头中，报纸和书籍的图片位置就是一个视频窗口，文字的静和图像的动形成了鲜明的对比，这在纸质书籍中是难以想象的，但在一款电子书制作软件（iebook）中，很容易就能做到。发展迅速的数字出版积累了不少阅读方面的经验，能帮助实现更多的创意可能。视频、音频将作为常用元素，与文字、图像共同构成版面，为大众带来更新鲜的视觉体验与更富于趣味性的信息获取过程。

3 书籍设计新理念

面对数字书籍极大的竞争，纸质书籍出版会更加注重整体设计，用纸质书籍独特的阅读方式呼唤阅读者情感体验的回归。首先，纸质书籍必须挑选更有价值的选题。设计要参与到阅读中来，以读者的身份在阅读过程中捕捉思想火花。

3.1 书籍设计的含义

一本书的创造是作者和书籍设计师共同的智慧结晶，作者为一本书提供了精神基础，而设计师在其基础上将赋予这本书一个恰当的形态，书籍设计的关键是利用各种视觉手段，将作者赋予作品的核心思想恰到好处地表现出来。整体书籍形象设计包括外部形式、内文编排、字体、字号的选择等。通过对每一本书的纸张和开本形态、印刷工艺等方面的解读，感受书籍柔软的纸张之美和书籍各种情感的传达。书籍以思想为内容，用纸作为一种媒介，通过好的装帧设计呈现在读者面前。

【设计师语录】
杉浦康平说："以包容生命感的造型为突破点，从浩瀚、冗繁、魅力无边的图像中寻找其源流，从层层包容着无限内涵的造型中分辨破译，寻找宇宙万物的共通性和包罗万象的情感舞台。"

3.2 设计的目的为阅读

书籍设计的目的是为了创造一种美好的阅读体验，给读者营造一个轻松愉悦的氛围，让阅读更轻松。一本书，你要向读者传达的是什么，必须在第一感官上表现出来，重点按照主次关系适当地处理文字、图形色彩等相关要素。非要把书籍设计成艺术品，就失去了阅读的实用价值。设计最主要的任务是帮助图文信息以某种形态最大化、最方便地传达给读者，好的设计是保持低调或隐藏起来的，是不会喧宾夺主的。读者需要的是知识、是信息，而不是设计，起到诱导读者阅读的作用就达到了目的。

我国的书籍设计开始在注重民族性和传统精神的前提下重塑新形态，以此改变人们的阅读习惯和阅读方式。重塑书籍形态的做法意在打破书籍固有的、传统的束缚，倡导主观能动有想象力的设计，也就是运用装帧设计语言，来研究装帧审美的创造。设计师完成传统书卷美和现代书籍相融合的过程，正是书籍形态变革的价值所在。近二十年的书籍艺术的进步，已经开始在世界上显露出中国书籍装帧的魅力。

■ 图1-10 现代书籍形态

a

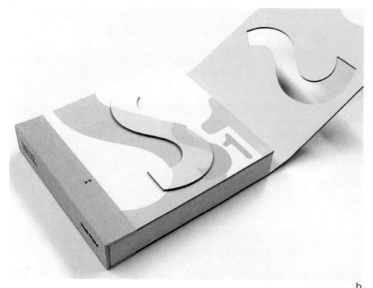

b

c

■ 图1-10 现代书籍形态（续）

现阶段书籍设计的新理念为书籍设计者提出了更高的要求，首先设计者必须爱书，文化素质高，能准确地解读书的内容和个性，通过艺术和技巧展现书的内涵。好的设计是内容和形式统一、审美和功能统一。书所创造的精神享受的空间，能让读者觉得有意思，能够沉迷其中流连忘返（图1-10）。

思考题：

通过对书籍形态的演变过程的认识，加深对书籍设计新理念的理解。

第二章 书籍的装帧知识

本章重点：
重点掌握书籍纸材开本、装订方法以及印刷工艺。

学习目标：
本章应掌握必备的装帧材料和印刷工艺基础知识，为整体设计打下基础。

导语：
书籍装帧是设计者利用各种造型和视觉语言赋予书籍一个恰当的形式，包含了书籍所必需的材料与工艺的总和。如果说书的内容是书籍的精神支撑，那么材质和表现工艺就是它的物质基础。随着社会文明程度的逐渐提高，人们对书籍的渴望愈发强烈，阅读一本装帧材料独特、印刷工艺精美的书，会给读者带来极大的享受。

所有设计工具的使用，对工艺、技术的了解都是为了更利于视觉的设计，因此首先需要了解一本书的结构组成。

1 一本书的完整结构

书籍装帧设计包含了一本书所有形式的全部因素。如图2-1所示，虽然我们对书并不陌生，但站在设计的角度，我们需仔细观察各部分的名称、前后关系，以及不同类别的书因其功能不同出现的一些差异。

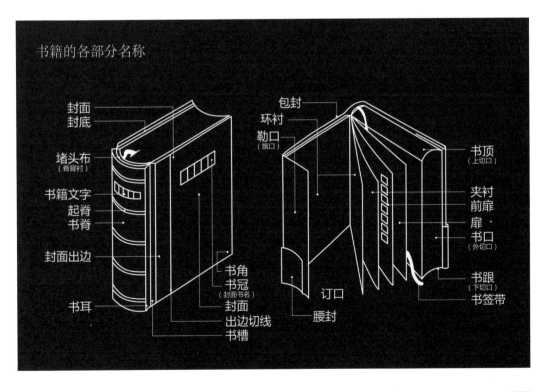

书籍的各部分名称

封面
封底
堵头布
（脊背衬）
书籍文字
起脊
书脊
封面出边
书耳
书角
书冠
（封面书名）
封面
出边切线
书槽
包封
环衬
勒口
（飘口）
书顶
（上切口）
夹衬
前扉
扉
书口
（外切口）
书跟
（下切口）
书签带
订口
腰封

◘ 图2-1 书的立体结构图

2 开本与材料

明确概念：开本是指一本书的幅面大小，开本的大小直接决定着书籍的外观形态。

开本的大小是根据纸张的规格来确定的，纸张的规格越多，开本的规格也就越多，选择开本的自由度也就越大。

2.1 开本的大小

为了符合印刷机的固定使用流程，用纸的规格有一个固定标准。设计师应熟悉这些规格，才能在设计时合理地应用纸张，做到经济合理地利用纸张。

全开纸张的四种规格：787mmx1092mm，850mmx1168mm，880mmx1230mm，889mmx1194mm。将全开纸裁切成多个幅面相等的张数，这个张数被称为书籍的开数或开本数。例如，将一张全开纸裁切成幅面相等的16小页，称之为16开；裁切成32小页，称之为32开，其余类推。由于各种全开纸张的幅度大小有差异，故同开数的书籍幅面因所用全开纸张的不同而有大小差异。将规格为889mmx1194mm和787mmx1092mm的全开纸称为大度和正度，具体尺寸如表2-1所示。

【知识窗】

书籍版权页上的"787mmx1092mm 1/16"是指该书籍是用787mmx1092mm规格尺寸的全开纸张切成的16开本书籍。又如版权页上的"850mmx1168mm 1/16"，是指该书籍是用850mmx1168mm规格尺寸的全开纸张切成的16开本书籍。为了区别这种开数相等而面积不同的开本书籍，通常把前一种称为16开，后一种称为大16开。

2.2 开本的选择

2.2.1 开本的比例

各种开本的美，充满了"数"的法则，它以无形的力量渗透到了开本的形态之中，体现在每一种开本的长度、宽度、厚度中，开本大的书籍大气、庄重，开本小的书籍轻便、小巧。

2.2.2 开本选择因素

开本的大小由纸张的大小、书籍的不同性质与内容、书稿的篇幅、读者对象等方面决定。如经典著作、理论类书籍、学术类书籍，一般多选用32开或大32开，此开本庄重、大方，适于案头翻阅；科技类图书及大专教材容量较大，文字、图表多，适合选用16开；中、小学生教材及通俗读物以32开为宜，便于携带、存放；儿童读物多采用小开本，如24开、64开，小巧玲

◆ 图2-2 狭长的竖开本古典、庄重

◆ 图2-3 方开本的视觉效果稳定

常用开本尺寸（单位：mm）

表2-1

全开	889×1194（大度）	787×1092（正度）
2开	597×889	546×787
4开	444×597	393×546
6开	398×444	393×364
8开	285×430	260×370
12开	262×298	250×255
16开	298×222	260×184
32开	222×149	184×130

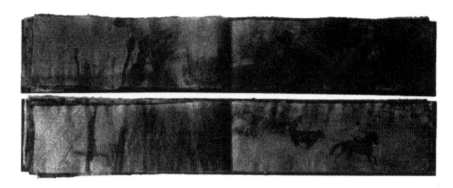

□ 图2-4 横开本带来场景化的视觉效果

□ 图2-5 各种异形开本

a

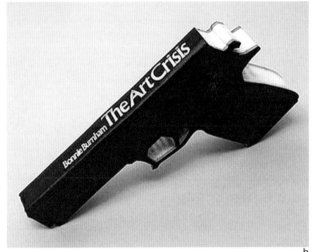

b

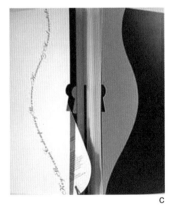

c

d

e

珑，但目前也有不少儿童读物，特别是绘画本读物选用16开甚至是大16开，图文并茂，视觉效果好；大型画集、摄影画册有6开、8开、12开、大16开等，小型画册宜用24开、40开等。期刊一般采用16开和大16开。大16开是国际上通用的开本。

现代书籍的开本变化丰富多样，三角形、斜边形、圆形、方形等开本书籍的现代感和个性化都将独特的形态语言呈现给读者。异形的开本也时常出现在现代书籍设计中，独特新颖的开本设计给读者带来强烈的视觉冲击力。

2.3 纸张的运用

现代纸张种类繁多，总体讲就是印刷的纸质载体。如果所用的纸不知其性格，则天大的本事也不能得心应手（张大千语）。

2.3.1 纸的品种

（1）常用纸

新闻纸：也叫白报纸，是报刊及书籍的主要用纸，特点有：纸质松软，富有较好的弹性；吸墨性能好，重量：（49～52）±2g/m²。

胶版纸： 胶版纸主要供平版（胶印）印刷机或其他印刷机印制较高级彩色印刷品，如彩色画报、画册、宣传画、彩印商标及一些高级书籍，以及书籍封面，插图等。

铜版纸： 又称印刷涂料纸，这种纸是在原纸上涂布一层白色浆料，经过压光而制成的。纸张表面光滑，白度较高，纸质纤维分布均匀，厚薄一致，伸缩性小，有较好的弹性和较强的抗水性能和抗张性能，对油墨的吸收性与接收状态良好。铜版纸主要用于印刷画册、封面、明信片、精美的产品样本以及彩色商标等，重量：70g/m²、80g/m²、100g/m²、120g/m²、150g/m²、180g/m²、200g/m²、210g/m²、240g/m²、250g/m²。

书写纸： 是供墨水书写的纸张，纸张要求书写时不洇。书写纸主要用于印刷练习本、日记本、表格和账簿等。书写纸分为特号、1号、2号、3号和4号。重量：45g/m²、50g/m²、60g/m²、70g/m²、80g/m²。

（2）特种纸

植物羊皮纸： 是把植物纤维用硫酸处理后，使其改变原有性质的一种变性加工纸，也称硫酸纸，呈半透明状，纸质坚韧、紧密。在现代设计中，往往用做书籍的环衬或衬纸，这样可以更好地突出和烘托主题，又符合现代潮流。有时也用做书籍或画册的扉页。在硫酸纸上印金、印银或印刷图文，别具一格，一般用于高档画册较多。

压纹纸： 是封面装饰用纸，采用机械压花或皱纸的方法，在纸或纸板的表面形成凹凸图案。通过压花来提高它的装饰效果，使纸张更具质感。可大大提高纸张的档次，也给纸张的销售带来了更高的附加值。许多用于软包装的纸张常采用印刷前或印刷后压纹的方法，提高包装装潢的视觉效果，提高商品的价值。重量：150~180g/m²。

2.3.2 纸的选择

纸张是传统图书出版的关键载体，纸张的选择会直接影响图书的品质和阅读感受。什么样的图书选用什么样的纸张，比如：文学类图书，我们习惯用轻型纸，这是考虑到它的方便携带与阅读；图片资料类图书，我们习惯用铜版纸或纯质纸，这是考虑到图片色彩的还原质感和保存性。另外对于图书封面以及外包装的纸材选用，可选择性更广。

一般纸张以克重和令重为单位，克重以"g/m²"表示，每令=500张全张纸。

$$令重（kg）=纸张面积×500（张）×克重÷1000$$

报刊一般选择新闻纸，一般图书选用60g书写纸、70g双胶纸或80g双胶纸，彩图图书选用105g、128g铜版纸，精装画册选用157g铜版纸或哑粉纸、200g铜版纸，环衬常选用艺术特种纸或卡纸，封面护封选用150g、200g铜版纸或卡纸。

❸ 装订形式

装订形式是图书立体化的关键环节，它的作用主要是固定、成型、保存等。图书装订主要有线装，适用于仿古籍类图书；锁线装，适用于比较厚重和经常翻阅的图书；胶装，是书页折叠后在订口处直接涂胶的一种方法，它经济、实用，方便快捷，适用于轻型平装书等形式。除了一些特殊图书的出版采用古老的方法以外，现在大多图书已经不再采用了。现在的图书装帧设计在装订形式上有一些新的突破，主要为适合时代和个性化的需要，比如把锁线的订口外露。在古代的线装书籍中，锁线外露是一种常态，体现了东方特有的文化气息。今天的锁线外露体现的则是一种内在肌理的透视，这都是强调要把内在看不到的东西进行外在展示的一种姿态，让读者在品味图文信息的同时，也能感受到图书本身的质感和个性。

3.1 平装的几种装订形式

3.1.1 骑马订

将包括封面、内页在内的一整帖书页，用骑马订从书背折缝处订合的装订形式。

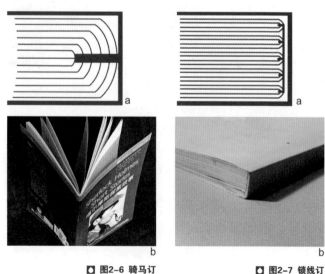

◨ 图2-6 骑马订　　　　◨ 图2-7 锁线订

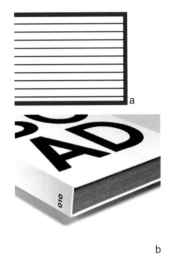

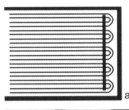

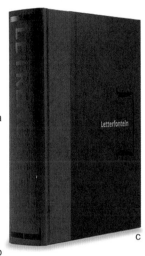

◙ 图2-8 无线胶订   ◙ 图2-9 平订

◙ 图2-10 不同书脊的精装书

3.1.2 锁线订

将一帖书页串线连接另一帖书页，使书页帖帖相连，再胶背、贴纱布、上环衬、包封皮，最后裁剪成书的装订形式。

3.1.3 无线胶订

不用书钉、不用绳线，仅用胶水粘合书页的形式。

3.1.4 平订

将多帖书页用铁丝钉由面及底订合，也可用缝纫线订合的装订形式。

3.2 精装的装订方式

精装多采用锁线装订，与平装书的区别除了用材考究外，主要是封面的用料和工艺制作。精装封面的衬板多采用荷兰板，面子则用纺织物、皮革、人造革等，用材又分封面、封底、书脊的整料和封面、封底、书脊的配料形式，最后才施以压平、干燥、烫金、凹凸压痕等，除了硬质封面外还有护封。精装书的书脊一般分为圆脊、方脊，圆脊还要经过压圆工序（图2-10）。

4 印刷工艺

书籍的所有视觉形式都通过印刷这一重要程序来完成，印刷精美、工艺优良可以提升书籍的品质和档次，会使读者带来视觉和触觉的享受。书籍印刷工艺分凸版印刷、凹版印刷、平版印刷、丝网印刷等。

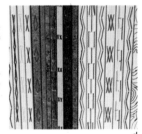

◙ 图2-11 各种各样的装订形式

印刷，是使用印版或其他方式，将原稿或载体上的文字、图像信息，借助于油墨或色料，批量地转移到纸上或其他承印物表面，使其再现的技术。

4.1 凸版印刷

凸版印刷是历史最悠久的一种印刷方式，利用凸起的图文部分与墨辊接触而着墨，低于图文的空白部分不与墨辊接触，不会附着油墨，当承印物与印版接触，并在一定压力作用下，印版上图文部分的油墨就可转移到承印物上得到复制品，就像盖印图章一样。凸版印刷的印迹轮廓清楚、光泽鲜明，因使用油墨颗粒较粗，油质较浓重，故不太容易干透。印第二套色彩要等第一套色彩的油墨干后再印，否则会因上墨厚度不均匀而产生色块、色层不均匀。它适合印以色块、线条为主的套色不多的印刷品，如吊旗、标签、小包装、请柬、贺卡、名片、信封、信笺，或用于瓦楞纸箱的印刷、烫金印刷等。

4.2 凹版印刷

凹版印刷的印刷部分被腐蚀或雕刻凹下，而低于空白部分，而且凹下的深度随图像的黑度不同而不同，图像越黑，其深度越深。但空白部分都在同一平面上，印刷时，整个版面涂上油墨，然后用刮墨刀刮去空白部分的油墨，再施以较大压力使版面上印刷部分的油墨转移到承印物上而获得成品，它的特点是油墨厚实，表现力强，层次丰富，色彩鲜艳。由于制版工作较复杂，适合印制大批量的印刷品，如钱币、邮票以及部分高档艺术作品。

4.3 平版印刷

平版印刷是利用油水相斥的原理，首先在版面湿水，使空白部分吸附水分而润湿，再往版面滚墨，只有印刷图文部位着墨，印刷中纸张或其他承载物与印版接触，并加以适当压力，印版上图文部分的油墨就可转移到承印物上。现代平版印刷多采用间接印刷方式，即印版上的图文首先被转移到一个橡皮滚筒上，然后再从橡皮滚筒上转移到承印物上而成为复制品，这种间接平版印刷方式也称为胶印。

四色平版印刷通过四色（红、黄、蓝、黑）原色的套叠来印刷，每一色都从100%的实版色分出80%、70%、60%至5%的网层，由网点的大小、疏密来形成色彩的深浅层次，以产生各种色调和色阶，这种印刷颗粒较细，油墨薄而均匀，细致柔和，能如实地将图形的色彩还原出来，常用于书籍、海报、包装、挂历等大批量彩色印刷品。

4.4 丝网印刷

印刷时，将油墨放入网框内，在印版下面安放承印物，再用柔性刮墨刀在网框内加压刮动，使油墨从版膜上镂空部分"漏"印到承印物上，形成印刷复制品。丝网印刷的特点是色彩艳丽，适用于多种不同材质表面或各种形状不规则且表面不平整的物品，如铁罐、木材、玻璃、布料等。

4.5 印后工艺

印后工艺有非常多的方法，设计师应多搜集一些实际资料和案例，了解各种工艺的效果，印后工艺包括上光、覆膜、烫金、凹凸压印、模切压痕等，这些处理方法使书籍的整体效果得到很大的提升。

浮雕工艺是将印刷品经过压力加工使其能与原稿相似。浮雕印刷也称凹凸印刷，主要是在印刷物上面附上胶膜，然后将预先制好的压盘(即来自原画、经照相制版所得到的凹凸版)在印刷品上进行加压工作，就能够制成与原画相同的美丽复制品。

烫金工艺是针对电化铝烫印箔，采用加热和加压的办法，将图案或文字转移到被烫印材料表面。一般用在精装书的封面，它使印刷品的表面呈现出强烈的金属光泽。承载物可以是纸张、塑料、木制品、玻璃、金属等。完成这项工艺，需要一台烫印机和刻有专门文字或图案的烫金模版(如锌版、铜版、硅胶版

a

b

◧ 图2-12 凹凸压印效果

◨ 图2-13 烫金工艺效果

◨ 图2-14 UV工艺效果

等），加热到所需要的温度，转移需要的压力并保持相应的时间。在烫印不同材质时，应选用合适型号的电化铝，并选择合适的温度、压力、烫印时间，以达到理想的烫印效果。

UV印刷工艺是一种通过紫外光干燥、固化油墨的印刷工艺，制作中需要含有光敏剂的油墨与UV固化灯相配合。传统印刷泛指的UV，就是在你想要的图案上面过上一层光油（有亮光、亚光、镶嵌晶体、金葱粉等），主要为增加产品亮度与艺术效果，保护产品表面。UV印刷的优点有硬度高、耐腐蚀、摩擦，不易出现划痕、环保等。但UV产品不易粘接，有些只能通过局部UV或打磨来解决。UV常用于书籍、画册、名片LOGO等，目前UV油墨已经涵盖胶印、丝网、喷墨、移印等领域。

5 关于印刷稿

5.1 分辨率
绘制稿件基本上通过Photoshop (PS)、Painter、Illustrator、Freehand等几个软件来完成。
PS主要用来处理位图图像、照片类，它几乎可以处理一切手工所达不到的、超乎想象的特殊效果，也可弥补、调整照片的某种不足。输出分辨率用长度单位上的像素数量来表示，分辨率的设置根据具体设计的需要来设置，对于普通的包装应该设置300dpi以上的分辨率，以保证印刷成品的清晰质量。

5.2 图像色彩输出要求

5.2.1 设置色彩模式
利用软件实现设计稿的颜色分解和排版输出，在输出前要设置

色彩模式。具体操作是在图像设计软件PS下拉菜单——"图像/模式/颜色"中将图像设置为四色印刷相匹配的CMYK四色模式，以得到所需要的四色分色胶片后才可以制版印刷。

5.2.2 专色设置
书刊的封面经常由不同颜色的均匀色块或有规律的渐变色块和文字来组成，这些色块和文字可以在分色后采用四原色墨套印而成，也可以调配专色墨，然后在同一色块处只印某一种专色墨。在综合考虑提高印刷质量和节省套印次数的情况下，有时要选用专色印刷。印金、银色可以通过专色设置来达到目的。

【知识窗】
专色油墨是指一种预先混合好的特定彩色油墨，它不是靠CMYK四色混合出来的，如荧光黄色、珍珠蓝色、金属金银色油墨等都是专色油墨。一般专色印刷通常用于三色以下的印刷，如需四色以上的印刷则选用CMYK四色印刷为宜。

本章小结：
本章主要学习设计必备的材料与印刷工艺知识，它们是设计一本书的基础。这些基础知识的掌握，为我们完成整体书籍形态的策划和设计训练任务做了准备。

思考题：
思考不同印刷工艺对书籍形态设计的影响。

第三章 书籍的形态解读

本章重点：

在了解各种各样书籍形态基础上，建立书籍形态的整体策划思路和整体策划的步骤，将前面的装帧知识用到书籍整体造型中，完成本章课题训练。

学习目标：

了解各种材料的特性，体会材质语言在书籍的整体设计中的作用，并能运用所学知识解决实际问题。

导言：

一般的书籍给我们的印象是方方整整的，几本砖头状的书叠在一起，给我们的感觉是有形无态或是很生硬的。把握书籍整体形态、结构的功能性，只把书籍印刷、装订成册还远远不够。书籍设计的最终目的是为了阅读，能够赋予书籍以美观、传达给读者以美的享受，才是书籍装帧设计的最终目的。书籍装帧

是一门艺术与技术、生理与心理、美感与功能等方面相互联系和高度融合的艺术。

1 书籍形态的整体之美

1.1 触动情感之外形

书籍形态即书的造型和姿态。书籍的内涵与神韵要依靠外部形态来表现，正所谓见书如面，外观的第一印象如果使读者感受到特有的韵味，则读者瞬间会被吸引，情不自禁地产生阅读的愿望。书籍的开本、体积，书籍拿在手上是轻盈还是沉重都能引发不同的心理感受，设计师应根据书籍内容适当选择开本比例，通过设计元素和整体造型，将书籍的主题及作者的思想体现出来并被读者接受和喜爱。当一本书的形式有了姿态，它也就有了生命，它会和读者交融，也能发出情感的信息，这就使书籍产生了主动的态势，伸出了它灵敏的触角，就立刻鲜活起来。

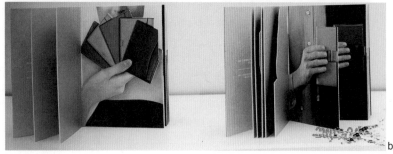

🔲 **图3-1 卡地亚品牌介绍册**

【作品赏析】

① 图3-1是有关"卡地亚"品牌的产品介绍，书中涵盖了很多新产品，包括鳄鱼钱包、纯金珠宝、银色USB钥匙等。厚厚的纸张具有儿童读物的特点，随着书的翻动小豹从魔术帽中跳出来，身着条纹衬衫的男士以及精于世故的女士进入视线。每一页都隐藏着下页形象的信息。戴着发夹的小狗藏在一位女士后面，她用手遮挡着艳泽红唇。想象一下多么有趣，读后你一定记住了这个品牌。该书用10种语言印刷，生动的形象深深触动了读者。

② 如图3-2所示是"海牙创意城"项目的刊物，单本书是一个建筑模块，整套书像拼图那样构成漂亮的建筑群，也标志着所有有创意的人一起工作建造了这座富于创造性城市。单本书的边框设计了凹槽，以便进行整体组合。整套书籍形态新颖，寓意深刻，视觉效果极强。

③ 习惯了方方正正的书，这些书的出现使我们耳目一新，原来书还可以做成这个样子，它在带给我们感官享受的同时，也使我们对书籍设计产生了新的认识（图3-3）。

④ 图3-4是哥伦比亚大学的年刊《摘要》，年刊的内容分布在三种不同色码的书中，三种色码的书互相插入以形成金字塔形状的建筑。最小的书仅包含全体职员与学生的照片，中等大小的书仅包含文本，最大的书则展现了所有的学生作品。这些书形成了一个大规模的交叉参照系统，指导用户使用相关内容。

◻ **图3-2 "海牙创意城"项目的刊物设计**

◻ **图3-3 一组立体的书**

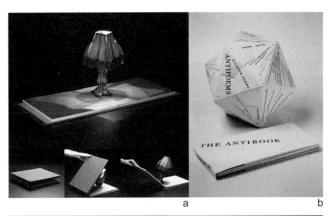

a　　　　b

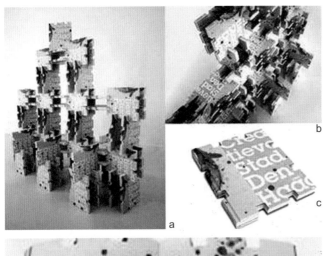

b

c

a

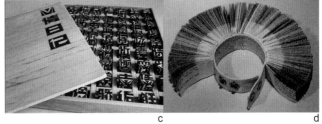

c　　　　d

◻ **图3-4 哥伦比亚年刊摘要**

d

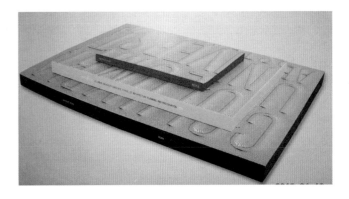

1.2 各种感官综合的书籍整体之美

1.2.1 寻找阅读的回声

设计的目的是为了阅读，阅读一本好书是一种享受，读者被每本书的独特气场吸引并感染，阅读中伴随着读者的所思所感，直至到达书籍本身所要传递的内容核心。所以，一本书最重要的是让读书的人通过各种感官获得各种信息，并且直接传递作者思考的本质。一本好书读完一遍仍回味无穷，依旧还有再读的冲动，就像闻过的花香，弥漫散开久久萦绕。正像著名设计师吕敬人所说"写书的人赋予书灵魂，做书的人赠书以嫁衣，看书的人则要将之传承、散播，从而成就了一本书的自身终极价值"。

书的设计不是靠封皮和装帧等表面的装饰手段，更多地在于书籍内容和设计的贴切，设计师有必要从开始就介入书籍的整体设计中，与作者、编辑讨论书稿，从功能阅读角度到内容视觉化的表现，最后以怎样的形态面对读者均有完整的思考。从这一点讲，不只为书创造一件漂亮的外衣，还为创造有趣的阅读。

【作品赏析】

如图3-5所示是设计师朱赢椿设计的《不裁》，设计师巧妙地将书名和文字风格体现在装帧上，它需要边裁边看，也就是说，读者必须参与裁书才能帮助全书成形。该书封面采用牛皮纸，内页为毛边纸，边缘保留纸的原始质感，没有裁切过。在书的前环衬设计一张书签，可随手撕开作裁纸刀用，封面上特别采用缝纫机缝纫的效果，两条细细的平行红线穿过封面，书脊和封底连成一体，形式与内容融为一体，以此让阅读有延迟、有期待、有节奏、有小憩，最后得到的是一本朴实而雅致的毛边书，充分体现出朴实且独特的文化韵味，书题字、全书的文字、装帧浑然天成成为一体。整本书朴素，简洁，从文字到装帧，再到材料的结合，体现了高超的设计手法与独到的设计灵感，不失为一件浑然天成的图书艺术品。

【设计师语录】

再美的文字读多了总会让人疲惫，我想应在读者的阅读旅途中提供视觉"驿站"，但是要由读者参与建立，那就是轻轻裁开牛皮纸印刷的对折页，就像推开一扇门。

——朱赢椿

1.2.2 纸墨交融之体验

一本好书，通过读者的感官传递美的信息，并通过刺激读者的感官带其体味纸墨交融的美好，纸张内在的肌理和表层表达了丰富的质感。眼睛闭上抚摸纸面，手会有丰富的感觉，伴随着读者翻阅的哗哗的书声，纸张倾诉了它的自然气息，随之使读者的整个身心沉浸在文字的世界，从而获得知识美的享受。翻开一本书，纸的味道、油墨的味道会自然而然散发出来，淡淡的书香带读者体验阅读的乐趣。每当我们看到设计独特，充满乐趣的书都会爱不释手，难以抗拒那巧妙的设计带给我们的新鲜感受并乐于体验创意带来的书趣。当我们细细品味流露于字里行间的细腻情感，弥漫于纸张中时，其中的故事便娓娓道来，人物形象栩栩如生，倾诉了无尽的书情。

在书籍设计的过程中，设计者针对无形或有形的设计元素，以及对护封、封面、前后环衬、扉页、目录、内文等设计空间要细心考虑，采用立体的视角去精妙构思，对书籍内容所对应的材质及针对该材质的印刷工艺、装订形式等也要严格把握，这才是设计一本立体的书应该采取的设计态度。

a

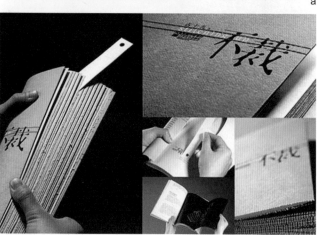

b

■ 图3-5 《不裁》，朱赢椿设计

一本好书，能让人爱不释手。一本好书，能让人余味无穷。一本好书，能够让你久久收藏在书房里。一本好书，能为读者创造精神需求的空间，为你插上想象的翅膀。当代书籍设计是用感性和理性的思维方法，构筑成完美、周密的、使读者为之动心的系统工程。

【作品赏析】

图3-6中是一本叫作"接龙咖啡"的一种以茶叶为雏形的艺术图书，此书外形设计成杯子的形状，书面配以茶叶包形状的书签，从形式到内容都给人一种耳目一新的视觉感受，书中的插图弥漫出淡淡的茶香，读者一边品茶，一边阅读，书香、茶香交融在一起，心灵似乎有了归属地。

【作品赏析】

图3-7为中国艺术家蔡国强在柏林古根海姆博物馆举办的名为"勇往直前"的展览所做的书籍设计，协同马提亚·恩斯伯格、斯蒂芬·沃尔特共同设计。白色调的封面中央有一个小红绳，读者的视线会被它牵引，自然地掀起，随即一本小书呼之欲出。

【设计师语录】

"纸张美的本质是什么？是'亲近'之美，是我们与周边生活朝夕相处的亲近感，是由纸张缀钉而成的书籍，既有纯艺术的观赏之美，更具在使用阅读过程中享受到的视、触、听、嗅、味五感交融之美。"

——吕敬人

2 书籍形态的整体策划

书籍形态的塑造是著作者、出版者、编辑、设计师、印刷装订者共同完成的系统工程。书籍形态设计首先要满足在良好的印刷条件下生产出更多、更好的书，并使其在社会上广为流传，以满足公众对知识的渴求，其次必须有助于在激烈的市场竞争中保证与促进书籍的销售。面对越来越丰富的图书市场，消费者的选择空间越来越大，书籍形态设计的好坏直接关系到书籍的销量。读者的价值观、物质文化需求的不同，直接

a

b

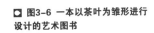

◘ **图3-6** 一本以茶叶为雏形进行设计的艺术图书

◘ **图3-7** 蔡国强设计的展览画册

a

b

c

导致文化市场需求选择多样化的产生，这也就决定了书籍装帧艺术的多元化趋势。

策划之初先定位，策划前期设计者应该是出版人的角色，想想这本书是我出的，我会把哪些阅读理由给读者。

2.1 设计定位

任何一位设计师受委托设计产品，从选题确立之初就介入对装帧的策划，必须要和客户相互交流以了解商品的属性，同时做好市场调查定位，从设计的角度对书籍装帧的市场需求、市场空间、市场消费心理、社会时尚、审美情趣等进行研究、观察、搜集资料，使书籍在走向市场的同类书籍竞争中脱颖而出。
书籍设计的最终目的是信息传达，只有深刻理解书的主题，将文字融入情感，掌握感受至深的设计元素，寻找创作兴趣点，才能从设计的材料、技巧、手法等方面恰如其分地表达其思想内容和体现其实用价值。设计师主要从以下各个阶段确定设计基调。设计师掌握的信息越广，越容易加深对信息理解的深度，进而产生独特的视角。

2.1.1 与编者、作者沟通

设计通知书标志着书籍设计进入操作阶段，通过了解书名（丛书名）、作者姓名、简要内容介绍（责任编辑撰写），再进一步看书稿原文，了解书的内在气质。设计者可以从多个侧面和编辑、作者交流对书稿的看法，这个过程是书籍设计定位的关键环节。

2.1.2 了解书名

书名是在庞大的书稿内容中提炼出精练的几个字，它代表了书的信息核心。也是书稿定位的标准。围绕定书名的问题，作者、编辑会将内容的展开和写作、书名确定的前因后果、大的背景等问题进行交流，如果了解了这部分信息，那么大量的信息中视觉形象主体会逐渐浮现于设计师的脑中。

2.1.3 了解作者

作者的气质关系到作品的气质，作者或儒雅、或激越、或抒情、或沉稳，都会深刻影响作品，正所谓文如其人。

2.1.4 了解书稿内容和特色

书稿内容包括哲学、经济、政治、社会、科学、艺术、农业、生态等，其题材范围比较广泛。责任编辑和作者在交流书稿时，设计师相当于快速阅读的过程，从中了解书稿重要的论点、章节、主题，以及书稿的内容归类于哪个学科，这个学科的性质如何，

在同类书稿中这本书的最大特色是什么等问题。设计师必须缩小搜索范围，确定几个乃至最后只留下一个关键词语作为视觉表现的突破点。一个好的设计师在和责任编辑、作者交流的过程中，脑子里已经有了多个草图，但这些草图是朦胧的。

2.1.5 全面阅读书稿

全面阅读书稿有助于书的整体设计，首先要完全抛开责任编辑和作者的观念、判断、评述和意义，找出自己对书稿价值的判断。其次，阅读书稿时，设计者要找到最刺激你的设计灵感的语言符号，这种符号可能就是日后创作图形的出发点。

2.2 素材归纳提取

在交流、阅读书稿的过程中，素材来源是多层面的，可能涉及的范围很大，可用的图形却很少。通过收集和寻找的过程，经过对多种素材的筛选和组织，设计师的创意活动已经开始了，若干代表性的图形、色调、画面结构经设计者归纳、梳理后形成几个大的方向，进一步得出针对书稿的最具特色的设计方案。设计师对主体形象（封面）有了朦胧的感觉，对色调已有想法，书籍整体设计中的轻重缓急和主次关系已心里有数或初步形成。设计师可以运用丰富的想象和自由的表现手法去完成属于自己的作品了。

图形素材的收集需要长期的积累，图形素材的来源无比丰富，设计师要建立符合自己设计习惯的、内容庞杂的素材库，包括人文类、科学类、艺术类、体育类，以及设计分类中的肌理类、图形符号类等。总之，素材的积累可以使设计师翻阅时增加视觉经历，间接地增加设计师的阅历，巧妙使用各种素材可以产生不常见到的图形构成，从而设计出更好的作品。

2.3 勾画草图

画草图是激发灵感的一种途径，一方面在看似放松的状态下调动设计师所有的视觉经验，激发并释放出设计思维点子，另一方面也使设计师对书籍素材进一步加深认识，寻找图形之间可能存在的联系和有效的结合；还有就是在勾画出大量草图的同时，找到设计感觉和状态，为正式的设计方案提供多种选择可能。

2.4 电脑辅助设计

经过筛选的几个设计草案开始进入电脑制作阶段，设计软件能制作出用手不可能画出的图形组合、奇妙的色彩混合、无穷的色彩搭配，它们拓展了设计师对图形的想象力，使图形有广阔的可塑性，使手绘不可能实现的艺术效果瞬间成为现实。帮助设计师迅速实现前期的创意，这个过程不仅仅是一个完成创意

的过程，也可以说是一种进一步完善和丰富设计的方式。只有了解设计软件的性能特点才能掌握其使用规律，电脑才能辅助完成设计师的创意表达。

2.5 优化方案

一般设计者总会有2～3个较成熟的设计方案，每个方案体现了设计师对书稿不同角度的思考，使用素材的角度不一样，草案会产生不同的艺术效果。设计师和编辑的选择意见肯定会有分歧，但只能选一个，编辑往往以文字的角度去看视觉设计，要求方案包括的内容要广泛，一目了然，又要含而不露，设计者这时要从创意、色彩、图形、字体等视觉审美的角度说服编辑接受自己的设计。图3-8是一本书的三个不同封面方案，经与作者沟通选择了第三个（蒋宏工作室）。

由于书籍市场是动态的，设计者要在这个环节核实开本有无变化，装帧形式有无变化，进一步核实书名、作者名等有无变化，核实内文页码以计算书脊厚度，核实出版时间以避免不必要的重复劳动。

设计者在设计中是设计师的角色，需要考虑如何去表达自己对书的理解，如何用点、线、面把设计弄到位等问题。设计完成后设计者要成为读者，以读者的角度去看这本书的感觉是否可以打动自己，产生喜爱或者购买的冲动。设计过程需要编辑的支持与配合，别忘了一本书的好设计并不是设计师独立完成的，是与编辑一起来创造的。

【作品赏析】

如图3-9所示，《face book》一书的设计采用透明塑料书衣，随着最外一层包装的撕开，正像揭开面纱一样，书的形象从朦胧渐渐变得清晰。该书封面印刷采用凹凸压印工艺，凸出的书名和白色的素面浑然一体，书名"相"映入眼帘，随后透明纸隐约看到"想"，进一步揭开，"相"字呼之欲出，再向下翻，书的主题"相由心生"被揭开，整个设计从形式到内容实现了"整体形态美"的设计理念，可谓形神兼备。

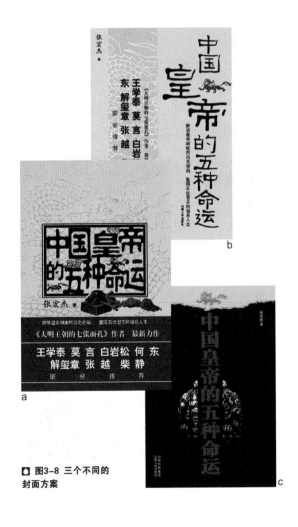

■ 图3-8 三个不同的封面方案

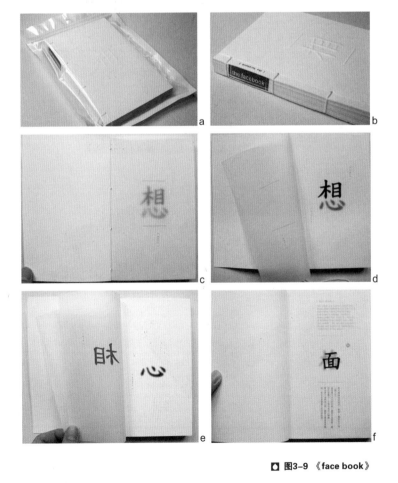

■ 图3-9 《face book》

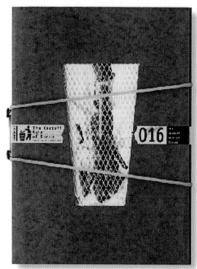

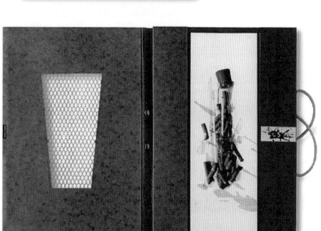

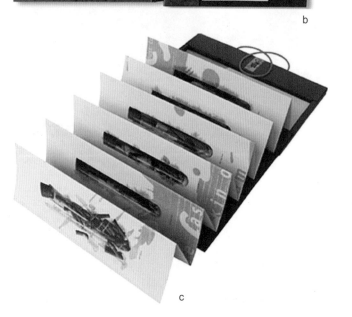

日本 高桥善丸 书籍设计

图3-10的书面应用局部镂空透明的手段，读者直接看到了书的主题插图，封面整体用绳子套住，整体形态设计成文件夹的样子，书面中间部分是书的主体，开本细长，折页状的形态慢慢展开，像有了流动般的故事的风琴，慢慢展现在读者面前。

◧ **图3-10 书籍形态设计**
（高桥善丸日本）

◧ **图3-11 书籍形态设计**
（高桥善丸日本）

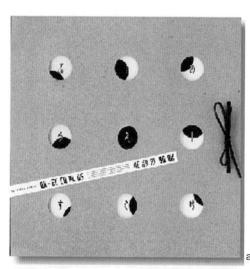

3 书籍形态设计中的材质表达

书籍形态设计与材料形态是密不可分的，材料的物质形态可以改变书籍的本质特征，书籍的形、色都依靠材质来传达和承载。书籍是可供人品味、欣赏、触摸且具有独立艺术价值的实体。读者不仅阅读书的内容，还感受其悦目的色彩、精致的外形，并通过触摸感受其装帧材料的质地、纸张的肌理。现代的书籍设计，材料和工艺已经越来越多地从"功能性"向"艺术性"转化，许多新材料以其自身特殊的视觉形态，成为书籍整体设计的一部分，甚至改变书籍的形态和结构等本质特征。所以对于设计师来说，恰当地选择材质，可以借助材质抽象的特征，丰富创作语言，并由此给读者以强烈的感受力。

3.1 材质传递情感

材料本身具备自己的个性，不同的柔韧度、肌理、透隔度、耐受度等等都表现出不同感情色彩，用不同的材料就可以有效地表现书籍的气质，材料的不同质感可以引起读者视觉、触觉和听觉的感受，平滑的、粗糙的、柔软的、坚硬的、响亮的、无声的……带给读者无尽的想象和享受。正如著名书籍设计师朱熹所说："纸质书籍不同于电子图书的地方在于，读书的过程不仅是眼睛看，还在手触摸的过程，看后也不仅仅是读文字，还有对书籍整体形态的把玩、体味过程"。纸质的冰冷坚硬或柔软温暖、轻盈或厚重、平滑或粗糙，都可以很好地表现情感、传递情感，同时也可以更好地烘托书的立意。图3-12封面设计为新购纽扣式衬衫，新颖的设计立刻使读者倍感亲切。图3-12封面用粗制麻布上附信封，使读者进入情景联想，触动记忆深处的某个情愫。

3.2 材料的选用拓宽了设计表现空间

在书籍设计形式日趋多样化地今天，丰富的材料拓宽了书籍的表现空间，更有助于书籍主题的准确表达和整体效果的表现。把握材质的独特性格，就能把握好内容和材料间的恰当分寸，进而传达出不同的书籍内涵。

3.2.1 纸材的自然之美

（1）纸质的灵气

纸是设计的生命。纸张是设计最基本的载体，每一种纸张都有其独特的色彩、光泽、质感及表面的肌理和纹路，这些特性赋予了各种纸张不同的个性，而特种纸则由于光泽度的不同、色彩的差异而带给人们各不相同的感受。这些不同的个性在与设计结合时，需要设计师利用纸张传达设计，使纸张的个性成为设计的一部分，使纸张的风格与设计的风格完美统一，展现纸张的魅力，展现独特艺术氛围。

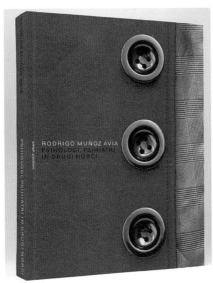

a

b

c

◘ **图3-12 封面的材质传递情感（由Tomato Kosir提供）**

【作品赏析】

如图3-13所示，《忆江南》是一本介绍乌镇旅游的书，整体选用了硫酸纸。这种纸材质脆、透明，随着翻动的悦耳哗哗声，进入画面的是形象的点、线、面的主题文字设计，配合极简的蓝白色调，影影绰绰间仿佛进入了江南水乡的小桥流水，设计者将古诗"江南好，风景旧曾谙。日出江花红胜火，春来江水绿如蓝，能不忆江南？"的意境通过纸材和色调的运用恰到好处地表现出来，这种材质提升了读者阅读的欲望。

图3-14是陶喆的六九乐章唱片设计。牛皮纸有着特殊质朴的味道，该唱片设计采用特殊牛皮纸手工包装，封面的标题字网印与封口贴纸，加上无任何歌手照片图像的做法，却为台湾主流市场唱片惊艳的目光，显示了歌手音乐的独特性与高质感。

图3-15是eduardo del fraile的摄影作品集，在记录自身旅途的同时也反映了当时毛里塔尼亚的一个现状。书的封面是用原来作为医药包装的硬纸板做成的，而模切程序决定了每本书都有所区别。

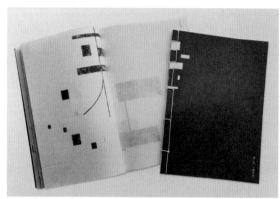

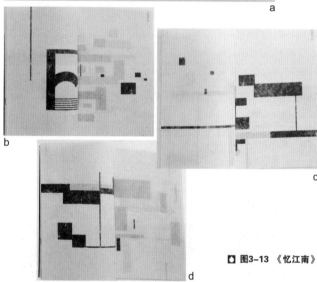

◘ 图3-13 《忆江南》

◘ 图3-14 《 六九乐章》，唱片设计

◘ 图3-15 摄影集（eduardo del fraile）

（2）特种纸的表情

特种纸大多由纯麻质、棉质、木质混合制成，纸制柔韧，具有可压缩性和可折叠性，广泛用于各种平面设计中，尤其是用作高档画册和书籍封面。各种特种纸中隐含着变化无穷的肌理，通过对比各种形态的组合排列，会产生外在与内在的变化和节奏，可以准确地把握内容尺度。带有压纹和肌理效果的纸张，也能有效地传达出丰富的表情，使设计作品产生无限的亲和力与丰富的艺术效果。

【作品赏析】

图3-16a中透明胶片和特种纸的结合营造了与诗集贴近的意境，该作品由刘诗文设计。

图3-16b中近似皮革的纸材呼应了书的主题"软力量"。

图3-16c中为类似于皮革的独特的闪光纸。

图3-16d是秋冬时装调查期刊，书籍由32张未加涂层且平版印刷的纸张及前面带有印痕的帆布封面构成，书本采用金属器材装订。由于一次水洗过程，整本书看起来有点旧而且有损坏的痕迹，具有深切而又浪漫的怀旧效果，相信该设计能给读者带来灵感。

图3-16e是手工制作的印刷纸张。

□ **图 3-16 特种纸的表情**

a　　　　　　　　　　b　　　　　　　　　　c

d　　　　　　　　　　e

3.2.2 织物的触感之美

棉、麻、丝、毛等织物应用在现代书籍设计中可体现特殊的效果（图3-17），在书套与内封间常常衬裱织物材料，起到保护和美化的作用，同时也赋予书籍视觉和触觉的含蓄感、使读者感到温暖和低调。

3.2.3 木材与皮革的肌理之美

木材常用于体现传统价值和人文主义色彩的书籍中，皮质材料通常使用在精装高档书籍中(图3-18、图3-19)。

◘ 图3-18 木质配合图案
雕刻彰显出浓厚的古典气息

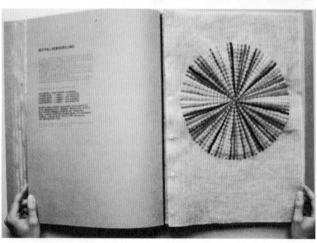

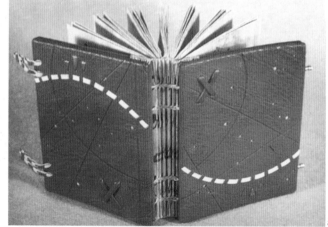

◘ 图3-17 一组采用织物做材料的书籍的装帧效果

◘ 图3-19 皮质材料的书籍设计

书籍设计材料的合理选择与运用，可以充分发挥"没有文字的语言、不需图像的绘画"一般不可思议的表现力和创造力，从而使书籍的知识性和艺术性的传递，显示出不同凡响的增值效果，这也是大胆尝试中国当代书籍设计形态的主要手段。

如图3-20所示是学生命题创作的作品，把胶片、有机玻璃、铝罐、麻绳等各种材料引入设计之中，以表现《新音乐》的主题，该作品由林晖玲设计。

【作品赏析】

选择恰当的材料，是为了更完美地传达主题信息。如图3-21所示，象征传统木版印刷的木刻活字夹板装《千字文》和整套书以两层木板包装着，两层木板上以铁扣扣着，木板的正面以复杂的雕刻图案为主，中间雕刻着"朱熹 千字文"几个大字，整体给人的感觉很肃穆，与中国古典文学《千字文》的感觉相得益彰，整体感十足，设计者吕敬人。图3-22是模拟藤编食盒形态的中国第一部营养大全的《食物本草》，套盒装在继承中国传统书籍形态方面是一种尝试。

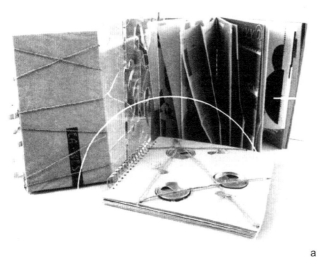

a

b

◻ **图3-21 《朱熹榜书千字文》**

◻ **图3-22 《食物本草》**

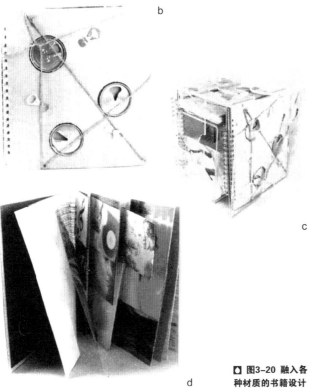

c

d

◪ **图3-20 融入各种材质的书籍设计**

4 概念书籍

概念书籍的设计是书籍设计的勇敢尝试，它要彻底突破传统图书的观念，彻底进行创新，使阅读与体验获得全新感受，寻找人们阅读时最新的体验。

4.1 异化的形态

概念书籍设计已不局限于书物传达信息载体的功能和内容自身主题的限制，而是将书视为一种造型艺术，通过独具匠心的造型艺术，创造一种新的书籍形态，让读者在参与阅读的过程中，领悟更深的思考，从而享受到阅读的愉悦。观念变革是书籍形态异化变革的先导，设计师们在承袭本民族或借鉴其他国家、民族传统书籍艺术的同时，延展出具有崭新概念的书籍新形态来。

【作品赏析】

图3-23是一组英国设计师设计的系列造型的图书，作品名为《Anthologia》，作者沉迷于旧书的质感，思考如何将这些回收来的旧书重新展现它们的历史和价值。

图3-24中是学生利用PVC胶、棉花棒、纸、海绵创作的概念书籍。图3-24a～图3-24b的主题分别是《格城》和《人海》，其中图3-24b的设计者为卢杰。图3-24c的主题是《记》，由王家宝设计，表现被记忆的东西常会向账簿一样被束之高阁。图3-24d 的主题是《卷曲的书》，由全艺欣设计。

a

b

c

❑ 图3-23 《Anthologia》（英国）

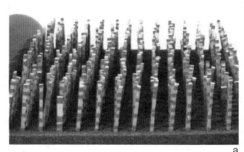

a

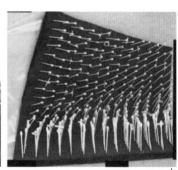

b

c

d

❑ 图3-24 一组学生创作的概念书籍

4.2 探索与表现

概念书设计从表现形式、材料工艺上进行前所未有的尝试，并且在人们对书籍艺术的审美和对书籍的阅读习惯以及接受程度上寻求未来书籍的设计方向，它的意义就在于扩大大众接受信息模式的范围，提供人们接受知识、信息的多元化方法，更好地表现作者的思想内涵，它是设计师传达信息的最新载体。

概念书设计的进行建立在探索性、未来性、实验性的基础上，其教学目的是使学生了解与掌握书籍设计的概念性表现。该课程主要针对书籍设计专业的同学，使其注重前瞻性与观念性的思考与创造，以期学生能够在书籍设计的概念之上，探索设计的创新性表现以及形态与神态的完美关系、阅读行为与设计技巧的关系、书籍设计与艺术观念表达之间的关系。设计的思想和行为应当指向未来，概念书设计也不例外。针对学生各自的特点，尽力引导，只有这样才能使其全方位释放自我能力、探索、思考和进步，因而产生意想不到的创意点和崭新的视觉表现。学生要去用心体会什么是设计，什么是传达，什么是观念，什么是设计要指向未来。学生可以试着把自己放进书籍的每一个角落，寻找自己的思维方式，去创造灵感，让灵感释放，创想，成长。

如图3-25所示，这是一本特别的书，设计者陆剑泉，他充分利用有机玻璃、PVC荧光胶、海绵、螺丝等现代材质来表现自己对时尚的理解。

a

b

■ 图3-25 现代材质的透明书

图3-26是美国Brian Dettmer创作的《系列解剖书》，设计师是一个对旧物件有着非同寻常情感的人，他搜集各种古旧的书籍、地图，将它们风化、打磨成不规则的形状，在被处理过的书籍内部做奇异的地质构造，改变了原有材料的存在形式，使其有了新的解释。在文字与纹理间，风景和文字有了一种奇妙的神秘关联。他根据不同书的主题来做不同的艺术处理，为了最终达到解构人类知识的艺术水平。Brian Dettmer在艺术界极负盛名，他的作品在世界各地展览以及出版，许多作品惊为天人。

a b c

d e f

◘ 图3-26 解剖书籍设计 美国Brian Dettmer

本章小结：

通过本章的学习，我们对书籍的造型有了全新的认识，书籍的整体形态设计会赋予书籍更高的审美价值，对未来书籍形态的发展仿佛有了预见性。因为了解书，所以爱上了阅读，设计师应该是有较高文化底蕴和文化品位的人，让我们一起努力。

思考题：

如何利用立体构成的原理，将二维的形象转化为三维的形象，从策划到实施完成一本书的设计。

设计练习：

自主命题，尝试一本儿童趣味读物的整体造型设计。

第四章 书籍的外观设计

导语

书籍外观主要是指书的外部视觉要素，包括书籍的封面、书函、封腰等内容。

书的外观恰似人的"面子"，赏心悦目的外在美能最先引起读者的注意和阅读兴趣。不同类型的书籍所要面对的消费群体也不尽相同，因此，书籍的外观设计不能用简单且单一的标准来要求。好的书籍外观设计，其视觉直观中传递出来的信息往往可以唤起观者对其内部品质的遐想，使读者对书籍的内容充满憧憬和期待，引导读者进入阅读。

学习目标：

掌握封面的各视觉要素之间的关系和应用。

学习重点：

书籍封面、书脊、封底之间的关系。

1 封面风采

封面设计是设计者创作的"命题画"，需要对图书的内容有一个深刻全面的了解，对图书的主题进行归纳和总结，既

◪ 图4-1 《中国京剧艺术百科全书》，设计：子木

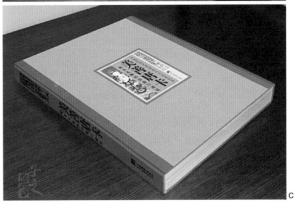

◪ 图4-2 《中国民间艺术传承人口述史》丛书

要使封面符合书的思想内容和体裁，又需具有独特的艺术构思和风格。在某种程度上，书封能够影响读者的购买倾向。

1.1 封面是一个整体

封面元素：前封、后封、书脊（脊封）、前后勒口。

封面设计：是将各元素构成的二维空间进行整体策划并视觉化的过程。

1.1.1 前封和后封的处理

前封是封面设计的正面部分，它是传递信息的主要展示面，要求包含书名、作者、编译者、出版单位等信息。后封是指书的背面部分，后封应包括书籍内容简介（图书描述和宣传信息）、作者简介、责任编辑、装帧设计署名、条形码、书号和定价等。除条形码和定价外，其他内容根据需要而定。

设计要领：前封的设计应通过丰富有变化的字体、色彩和装饰图案等多样化的视觉语言，概括地反映书籍的性质和内容，以展现书稿的思想内涵和精神气质，起到美化书籍和愉悦读者的

作用，以期用特有的形象符号向读者传递信息。

后封的设计要与前封设计风格统一和连贯。最常见的设计是把前封的颜色或图形伸展到后封上来，或采用与前封面相对称的图案纹样来做装饰的方法；也有把后封上满版彩色，伸展到正封面的订口部分包裹住书籍的设计，不论何种方法，其设计应和封面、书脊联系起来作为一个整体，构图和色彩必须协调一致，并起到互相辅助、衬托的作用。也有一些书的底封，重复封面的构图，取得了很好的效果。如图4-3是一组常见的前后封风格连贯、构图和色彩协调一致的设计。

1.1.2 书脊

书脊是连接封面和封底的中枢区域，是除封面外第二个引人注目的地方。徜徉于浩瀚的书架，给人第一印象、传达第一信息的便是书脊，可谓"方寸之地，包容万物"，书脊的设计不容忽视。

对图书书脊内容而言，一般应包含主书名和出版者名（或出版者logo）；若空间允许，还应加上作者名，并列书名（副书名）和其他内容。

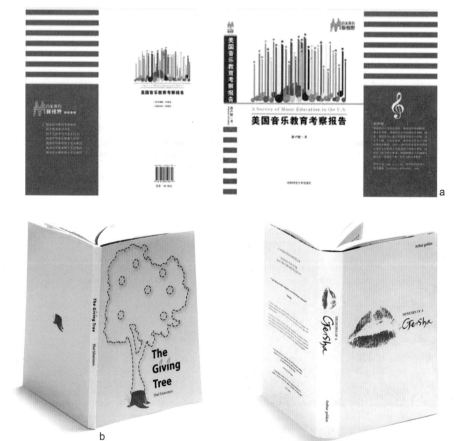

◢ 图4-3 前后封构
图和色彩协调一致

■ 图4-4 《中国古代陶瓷艺术》系列丛书 （设计 吕敬人）

■ 图4-6 国外书籍设计

【作品赏析】

如图4-4所示，五组不同的书脊组成了一副完美的陶瓷图片，把这套书分开，每本书的封面又分别是陶瓷里面不同陶瓷种类，构思巧妙、得体，简单、大气。图案特点鲜明又不显的老套，既点出了书的内容，又凸显了设计的美感。

a

■ 图4-5 《大秦帝国》系列丛书

b

□ 图4-7 《新闻周刊》书脊

□ 图4-8 个性化的书脊设计

1.1.3 勒口

勒口是书籍封面和封底延长若干厘米，向书内折叠的部分，它是连接内封的必要部分。勒口的尺寸一般不小于5cm宽，最宽可至书面宽度的2/3位置。

设计勒口时可考虑编排作者或译者简介，使读者在看书之前就对作者有一个基本的了解，无形中缩短了读者与作者之间的距离，增添了几分亲切感。也可介绍书籍的内容或内容梗概，使读者对书籍内容先进行大致了解。勒口是书籍外部转向内部的开始，是书籍整体设计的一个重要组成部分。

杉浦康平说："书并不太大，但是不应把书看成静止不动的物体，而应看成是运动、排斥、流动、膨胀、充满活力的信息容器"，他主张设计应向更高层次迈进，不应限于外形。

【设计师档案】杉浦康平

杉浦康平是日本战后设计的核心人物之一，是现代书籍实验的创始人，在日本被誉为设计界的巨人，艺术设计的先行者。他将欧洲的设计表现手法融入东方哲理和美学思维之中，赋予设计全新的东方文化精神和理念。他在书籍、杂志设计中注入现代编辑设计概念，以其敏锐的创造力和不可思议的实验精神，设计出大量的精彩杂志，形成引领平面信息载体独树一帜的杉浦设计语言，对日本、亚洲乃至整个世界的平面设计产生了巨大的影响。

【知识窗】

书脊厚度尺寸 = 单张小文纸厚度系数 × 页码数 / 2 + 边胶厚度
封面设计的宽度尺寸 = 成品书宽 × 2 + 书脊厚度 + 勒口尺寸 × 2 + 裁切量 × 2
封面设计的高度尺寸 = 成品书高 + 裁切量 × 2

【例】

一本成品尺寸为185mm × 260mm的小16开书，正文采用60g/m²胶版纸，封面封底勒口80mm，页码324，请计算该书封面的设计尺寸。
书脊厚度尺寸：0.073 × 324 / 2 + 1 ≈ 13(mm)

封面设计的宽度尺寸：185×2+13+80×2+6＝549(mm)

封面设计的高度尺寸：260+6＝266(mm)

1.2 书名是一种艺术

书名即书题字是封面设计的点睛之笔，为封面设计的视觉焦点，集中表达着书籍装帧的功能目标。书名是读者关注的中心，是表达情感的符号。所谓"一看名，二看皮，三看内容"也反映出它的重要性。

封面设计的一切都应该围绕着书名和字体、字号、位置、色彩、变化等来展开。由于书名字处在封面的视觉中心，人们对书名字体、字形的变化特别敏感，有些没有具体形象和图案花纹的封面，书题字便成为封面上的唯一"形象"，它的形态、大小、位置、排列和色彩等的设计和处理，都会引起读者视线

的特别关注，高明的设计师应巧妙地通过对书名的个性化设计，创造感性的形式意味，与读者进行心灵的沟通。

书名题字的种类有印刷体、美术体、手写体等，书题字除由设计者或书法家书写外，还可用该书著作人的手稿，或采集名人手迹和碑帖上的字来做书题字。但是，不论采用何种字体，书题字都应该与整个封面设计的精神格调协调一致，并且书题字的结构、大小、位置以及排列形式等，都应与封面的构图密切配合。所以书题字在整个封面设计的构图中，要起到丰富构图和完善布局的作用。

【作品赏析】

图4-10a是一组以传统书法元素为书题字的封面设计，在充分体现了笔墨意趣的同时，彰显了书法艺术的魅力，为整套书增添了文化底蕴。

图4-10b是设计师陈绍华为紫禁城国际摄影大展一书设计的封面，书名"故宫印象"，设计师将"宫"字的字形结合进了眼睛的视觉形象，巧妙地呼应了书的印象主题，涂鸦似的笔墨既传统又不失现代韵味。

图4-11～图4-13是封面书题字采用不同字体的视觉效果。

图4-14是一组封面书题字不同编排方式的视觉效果。

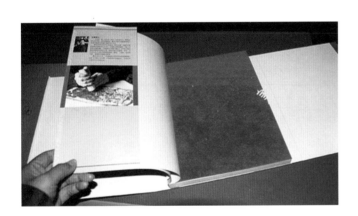

□ **图4-9 《年画世家》勒口设计**

□ **图4-10 封面书题字设计**

a

b《**故宫印象**》陈绍华

◨ 图4-11 书题字采用印刷体的视觉效果

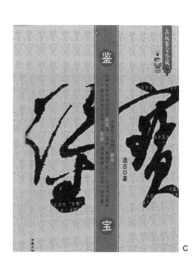

◨ 图4-12 书题字采用手写体的视觉效果

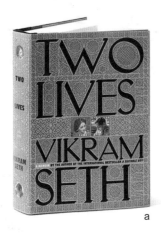

◨ 图4-13 书题字以英文字母编排的封面

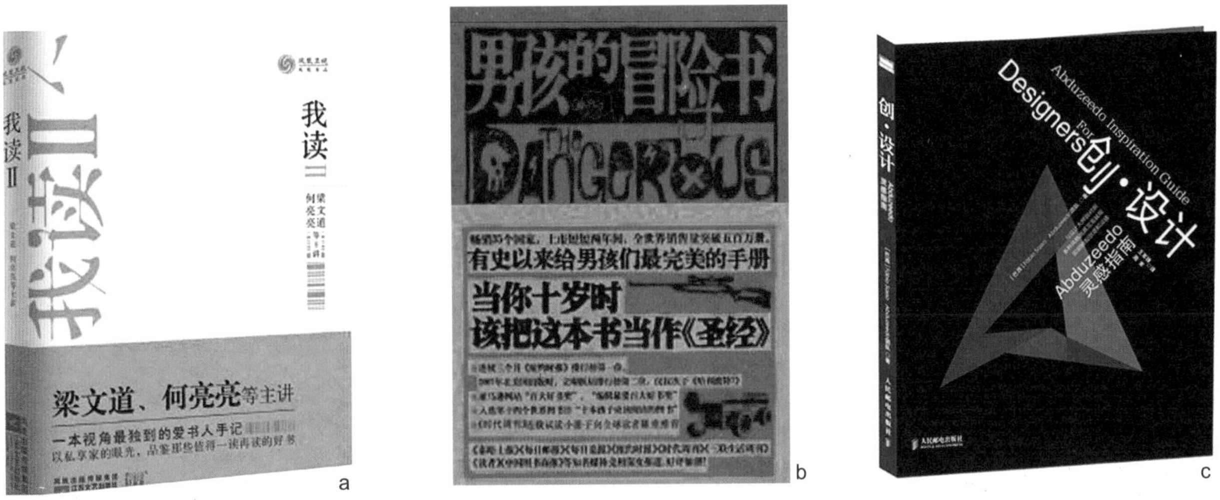

a b c

图 4-14 字体不同编排方式的封面视觉效果

图4-15是一组日本设计师高桥善丸以字体为主要视觉要素的设计，他的作品曾在纽约艺术家协会、纽约节上获银奖及铜奖。

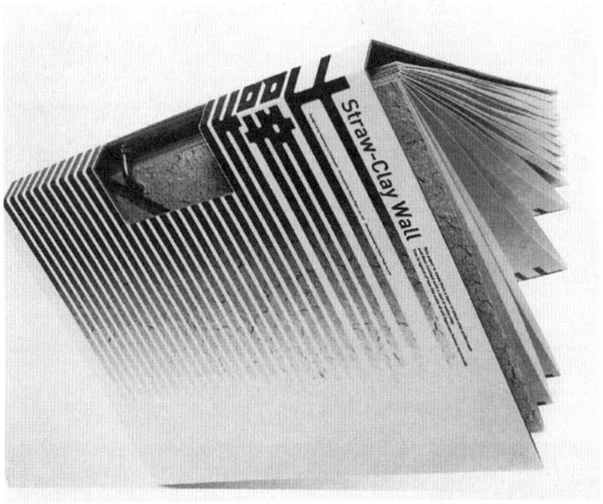

a

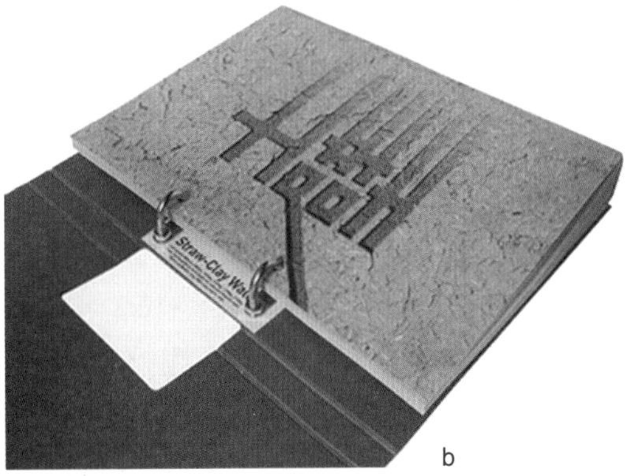

b

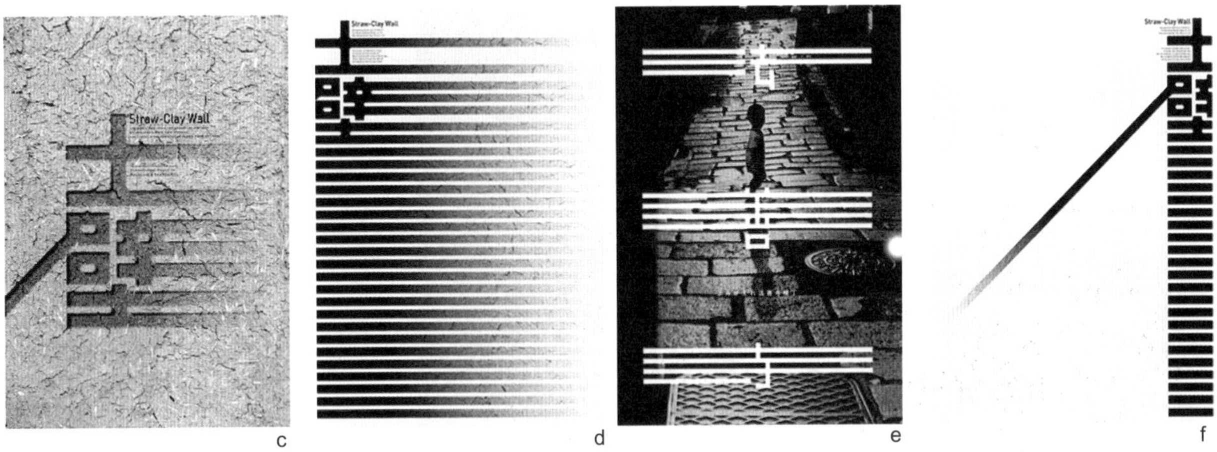

c d e f

图4-15 以字体为主的设计作品（日本 高桥善丸）

1.3 图形是无声的语言

信息传达离不开图形，好的书籍封面图形和文字相得益彰，图形的范畴包括图片、绘画、图案等具象或抽象的各种视觉符号，可直接描绘书籍的内容，也可以间接地用比喻、象征、隐喻的手法来表达和烘托书名。

1.3.1 写实性图形的直接表达

这种图形以书中实有的材料或形象来直接表达书的内容，借助

生动的图形配合书题字增强说服力，引起读者的阅读兴趣。

最佳的写实图形是现代的摄影手段，它真实、动人，极具感染力。绘画、喷绘等逼真的表现手法也同样具有很好的艺术效果。一本描写战争的书，可以把激烈的纪实战斗场面描绘在封面上，一本包括大量插图的书，可以选择一幅或数幅具有代表性的插图或插图中的一部分印在封面上。这种表现手法比较明确简洁，易于理解，适用于儿童读物、文字书籍和科学技术书籍（图4-16～图4-26）。

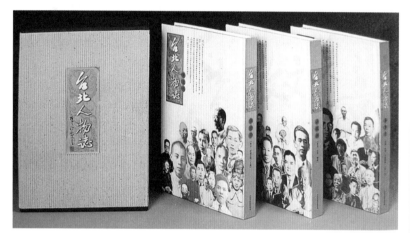

◨ 图4-16 台北人物志　　　　　　　　　◨ 图4-17 中草药词典

◨ 图4-18 鸡零狗碎的民国　　　　◨ 图4-19 智人的生命轮回　　　　◨ 图4-20 猫

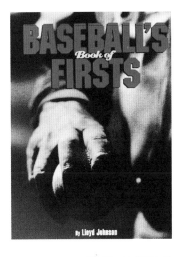

◐ 图4-21 棒球入门

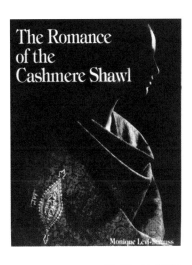

◐ 图4- 22 丝制品

◐ 图4-23 表

◐ 图4-24 装饰

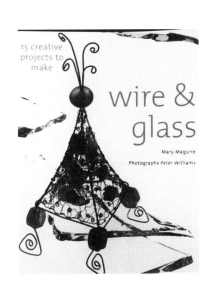

◐ 图4-25 金属线与玻璃制品

◐ 图4-26 汤米·翁格尔的童话故事

1.3.2 象征性图形的间接表达

封面设计中图形语言重在浓缩主题而"以象生意",象征性图形的运用是设计师为了表达书的主题,借用造型艺术的思维联想、归纳、提取出抽象的视觉语言,包括具有象征意义和形式的创意图形、符号和纹饰等,从而获得的"有意味的形式"。它能直接诠释书籍的主题思想,能概括或象征地、间接地体现书籍的一般内容。

象征性的图形多以抽象图形和半抽象图形为主要表现手段,它以点、线、面为基本形态,按一定的形式法则概括、提炼为一定形式感的现代图形,这类图形理性、简约,带有较浓的现代气息,不再再现事物本来面貌,而是通过艺术提炼、夸张概括创造图形,重在创意表现。

【作品赏析】

如图4-27所示，这是一套宗教系列丛书，封面设计采用大面积的剪影式图形，加上色彩明度的对比配合，使每本书既有联系又呼应了书籍的内容，产生了极强的视觉冲击力。

如图4-28所示，设计师应用了点、线、面的抽象变形提炼、表达主题，总会使读者产生联想和琢磨，进而获得"意味"。图4-29用律动的曲线意喻一种开放的思维，恰到好处地点明书的主题——"创意十二月"，让人回味绵长。

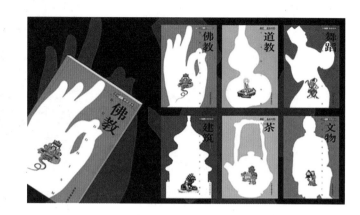

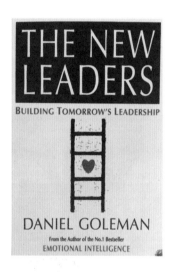

◘ 图4–28 新领袖

◘ 图4–29 创意十二月 （陈绍华）

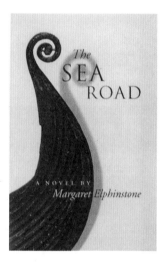

◘ 图4–30 海洋之路

◘ 图4–31 白银的四个世纪

◘ 图4–32 身体电能

◘ 图4–33 新视觉冲击

图4-34 生物技术和人类的未来

图4-35 平面设计史

图4-36 城市规划

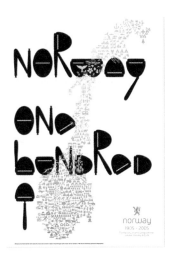

图4-37 封面设计

1.3.3 纹饰、符号的装饰性表达

纹饰、符号可称为"纯粹艺术"形式，且东西方差别明显，各自特征鲜明。中国的传统纹样是非常值得现代艺术设计借鉴的设计语言。从传统器物、纹样、服饰中提取这些纹饰，或根据某一因素演化、设计出的艺术语言，其装饰效果最能出神入化。我国当代书籍设计，尤其是高品位书籍，很多都运用了纹饰装饰。巧妙、合理的运用，对烘托书籍的文化气氛，增强书籍的书卷之气，表达内容主题，以及弘扬民族艺术都有极大的帮助（图4-38）。

西方书籍是最早使用纹饰装饰的。我国书籍封面设计纹饰常规形态也主要源于西方。以能与本书内容性质相协调的纹饰来设计书籍的封面，这种表现手法普遍用于不宜以具体形象表现书籍内容的理论性、综合性等书籍。

图形作为一种"国际语言"体现在封面设计中，除利于书籍的国际交流、艺术交流之外，更重要的是利于书籍的世界性版权贸易。

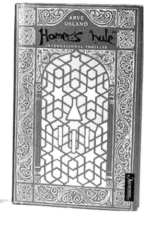

图4-38 装饰性纹饰的封面图形

1.4 色彩是情感的归属

色彩是书籍设计情绪表现的重要特征。色彩语言的运用受风俗、内容、成本、审美和印刷技术等的限制，较于形象，它更加先声夺人。

设计封面色彩时，首先要考虑主基调。它由面积较大的颜色来控制，主基调色彩的运用要适应书籍的内容和特点，在突出主题的同时，使书籍内容的倾向性充分显示出来。要充分考虑不同的色彩对人的心理与情感效应的表现。封面的基调还必须和其他陪衬的颜色取得和谐一致，使它既谐调而又富于变化，并对设计构思和构图产生积极作用，给人以强烈的感染力和美的感受。不同的色相，以及它们相搭配所产生的色彩关系，可以成为表达书籍内容的有力手段。封面的色彩要力求简约，用色越少，形象和构图的表现张力越强。

【作品赏析】

图4-40是一套主题为《纸归故里》的套书，用冷暖不同的两个颜色象征内容的不同特征，用色简单却极感性，直导书的主题。

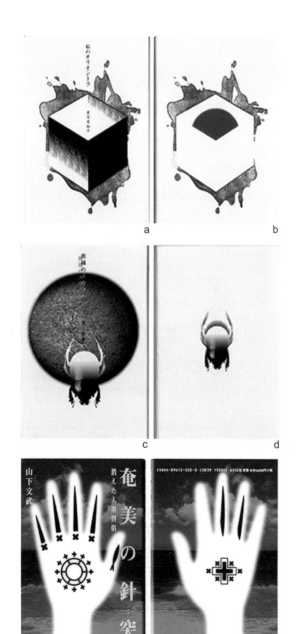

◻ 图4-39 封面设计（高桥善丸，日本）

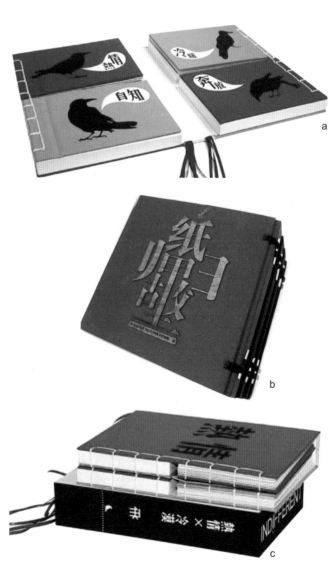

◻ 图4- 40 《纸归故里》

【作品赏析】

图4-41是一套关于古典文学《红楼梦》评析的书籍设计，为了区别于以往涉及红学方面的书，大都以传统元素体现古典文学的意味，设计师大胆采用了两个极强的对比色调，书脊部分设计成两种颜色互换以相互呼应，大面积用单色，形成了一定的视觉冲击力的同时，也赋予了这类书籍现代的味道。

明度相近的色彩配置在一起，会产生朦胧、柔和、含蓄、模糊等感觉；明度对比大的色彩配置在一起，会产生明快、活泼的感觉，能够形成强烈的对比（图4-42）。考虑用色一定要根据书的内容，和主题相呼应，如图4-43，同一本书的两个色彩方案比较，显然第二个色彩更适合表现书的主题。反之，如果封面的色彩、形象过于繁琐、艳俗，和人们接触的其他媒介便没有什么差别，也就失去了书籍特有的个性。

◨ **图4-41 《细说红楼梦》套书设计**

◨ **图4-42 明度对比不同产生的视觉效果**

◨ **图4-43 同一本书的两个色彩方案比较**

【作品赏析】

图4-44是一套精装本的洛阳牡丹，其中附有书籍和明信片。书籍的封面是红色，象征吉祥如意，书名字体是简单的印刷体，沿用了规则美术体的特点。书籍的装帧采用线装，带有古韵色彩，内页更是用醒目的洛阳牡丹映衬和旁边纵向排列的字体，整套书紧扣主题，突出了洛阳的特色和强烈的贵族气息。

图4-45是获得2012年"世界最美的书"称号的《文爱艺诗集》，设计者为刘晓翔和高文。用温和的暖白、暖灰色和鲜明的红色围绕这一理念展开主题，暖白色护封的正面是诗人的签名，护封下部文字从封面一直延续至封底，以文字排列的线条体现了流动的美。字体、颜色之间动静对比强烈，富有一定的视觉冲击力。护封背面用红色印上本书插图局部；前后环衬的红色与书口色、护封背面色一致，加强了全书的整体氛围和视觉感受。书的整体设计简洁而有个性。反映出诗人单纯而热烈的气质。此书被德国国家图书馆永久收藏。

◨ **图4-44 洛阳牡丹**

◨ **图4-45 文爱艺诗集**

2 封套和护封

护封是包裹在精装书籍封面外壳的保护面纸，亦称外封面或包封。护封前后有勒口，其作用主要是对封面起保护作用，在精装类书籍上用得最多。

2.1 护封

a

b

◪ **图4-46 护封设计1**

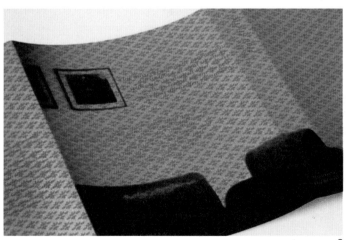

a

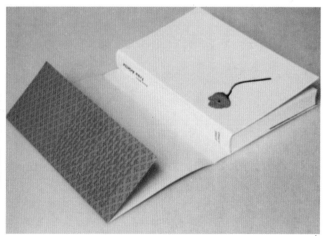

b

◪ **图4-47 护封设计2**

2.2 封套

重要题材或精装类书籍常常设计书籍封套，封套的作用一是保护书籍，二是增加美观感。古籍多卷集的书籍，为了保护及查找的方便就使用木质书盒进行存放收藏，后来又出现用较厚的纸板作材料，用丝絮或靛蓝布糊裱的书套。常见的如意套，设计精巧、合理、实用，收展时与书籍的装帧形式十分协调一致，逐渐成为一些经典精装书籍不可分割的一部分。特别是现代新材料的介入与应用。

现代书籍函套设计较侧重表现独特的审美和文化，封套的设计对塑造书籍的整体形象，反映书籍的特有"气质"与品位均起到重要作用。书籍封套是书籍整体设计中的一部分，在设计中应着重材料的选择与结构的设计，一是充分发挥材料质地的表现力（视觉或触觉的肌理）；二是结构的合理，确保使用方便以及形式具有新意；三是与书籍内容协调一致。

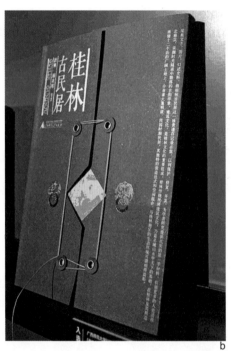

a

b

■ 图4-48 传统六面封套

■ 图4-49 四面封套

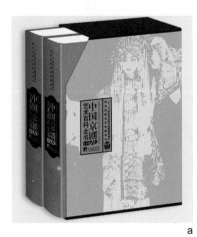

a

b

c

d

【知识窗】

书套主要分为两种形式，即四合套和六合套。四合套是将书四面护
装，又称半包式；六合套是将书六面护装，又称全包式。

3 腰封

腰封是一种特殊形式的护封。腰封裹住了护封的下部，
高约5cm，只及护封的腰部，因此叫作腰封，又称半腰封。

腰封是在书籍印出之后加上去的，内容往往是与这本书有关的
重要事件，必须介绍给读者。

腰封的使用不应影响封面的效果，如果书名和护封的最重要部
分是在四分之一的下部，那么腰封的作用就没有意义了。

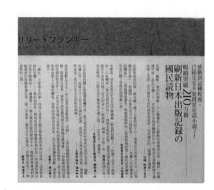

◖ **图4-51 腰封设计**

◖ **图4-52 各种腰封**

a

b

c

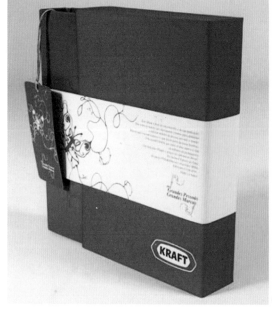

d

【作品赏析】

中英对照《论语》整体案例简洁，大方。经典读物不适合过于华丽的色彩，因此采用黑、白、棕几个色块，含蓄而雅致。横文、直文、老宋体，体现了品位。选择的材质与极简的版式相协调，衬托出儒家的精神。装订方式上特别加入中国传统册页的元素，使整体大气，又不失现代神采（设计：刘晓翔）。

■ 图4-53 《论语》

本章小结：

本章重点是对封面设计的图文视觉表现语言进行分析，目的是让学生了解和掌握封面的各视觉要素之间的关系和设计要领，在了解书籍内容的基础上，掌握从局部入手整体把握、提高综合设计的能力。

思考题：

收集各类优秀书籍设计作品，分析思考书籍封面设计的图形、文字、色彩三种视觉要素如何在动态上达到统一。

设计练习：

设计简装单本书籍封面一幅，单本书籍设计类型、内容、形式等自定。

要求：设计四种方案；可选择不同字体和编排方式；尝试用标题文字进行图形化处理；或以图形为主的设计。注意标题和内容文字的面积、位置以及对比关系，还有版面的节奏关系。内容结构符合正式出版物的规范，版面编排形式新颖。

第五章 书籍的内在设计

本章重点：

在本章的学习中我们要明确书籍的内部结构组成及组成之间的关系，建立书籍整体设计的思路。

学习目标：

重点掌握正文的版式编排规律和方法。

导语：

翻开书衣，伴随着动态的翻阅过程，书籍的内在展现在读者面前，好的书籍内在是外部设计的延续，通过巧妙的构思与设计，使读者循序渐进地加深对书的整体印象，引导读者进入阅读环节。

1 环衬设计

环衬是封面和封底与书芯间的隔页，环衬一面连接封面一面贴牢书芯，起保护书芯和联系封面的作用。环衬是读者打开书封后最先进入视线的部分，从心里上它可以起到阅读前的缓冲作用，使读者静心定神。

通常的设计方法是选择与书籍的内容及整体设计风格相一致的色纸，色调的选择应体现设计师的意图，如选择中性的粗面色纸，会有厚重的学术气息；鲜亮的色纸给人以清新舒展之感；黑色的衬页有时也会让人在中断的视觉体验中产生退想。另一种方法可采用清雅、简洁的图形，或采用书中有代表性的插图加以剪辑组合，或把书中主要人物放大，淡化为满版的底纹，总体原则是不能太突出，不要太过强调视觉上的冲击力，以简洁、朴素为好。

设计环衬不仅仅为了美观，更重要的是和书的整体风格相协调。

◨ **图5-1 采用和封面呼应的单色做环衬**

◨ **图5-2 各种各样的环衬设计**

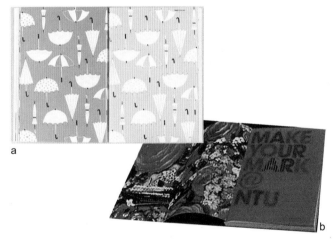

a

c

□ 图5-3a 《年画世家》封面

◨ 图5-3b 正扉页（书名页）

◧ 图5-3c 《年画世家》卷首插页

【作品赏析】

图5-3为《中国民间艺术传承人口述史》丛书，该书的扉页为以单色调为主的设计，采用封面的两个主色调搭配，映衬出民间艺术的主题，字体和封面相同，既与封面风格协调一致，又不完全重叠，内外呼应，相得益彰（子木设计）。

---

2 扉页（书名页）

扉页是"书的前奏和序曲"，翻过环衬和空白页，文字信息映入眼帘，被称为书籍的第二道门。它除了向读者介绍书名、作者及出版社外，还是书籍封面向书芯的过渡，因而是书籍内部设计的一张"脸"。

扉页的设计要考虑封面与书芯的前后关系，不能离开装帧设计的整体和谐考虑，可根据书籍内容中相关的绘画、摄影作品或文字来设计。一般说来，扉页的色彩对比不宜强烈。多为一至两套颜色，重点突出书名和作者名，趋向庄重、稳定为佳。字号的选择当以书名最大，作者名次之，其他文字与书籍的正文文字保持一致。扉页的装饰形式多以连续纹样或单独纹样点缀。使读者心理逐渐平静下来，进入阅读正文的状态。

扉页细分为护页、空白页、相页、卷首插页、正扉页、版权页、题词页等，太多的扉页会喧宾夺主，目前书籍设计较多的是护页、正扉页，然后直接进入目录和序言。

3 目录与序言

3.1 序言

序言又叫序、跋、前言、后记或编者按等，是扉页之后、目录之前的一页，无论放在正文的前面还是后面都可以，作用是向读者交待出书的意图、编著的经过，强调重要的观点或感谢参与编写人员等，对阅读书籍起指导作用。

这些序言和按语在版面编排上一般与正文相同，但在字体和字号上，有时要有些变化。如排在正文之前的自序、代序和别人写的序言，若内容有相当分量，或能加强这本书在读者中的影响(如一本青年作家的作品集，请老作家写的序言)，或因字数不多，所占版面太小等情况，都可以把字号适当变大(如正文排五号，序言换小四号，或改为仿宋体)。前言、题记、范例之类一般可用正文的字体和字号；编者的话、出版前言等，一般不宜比正文字大，如字数不多，或适当地缩小版心，不必与

a b c

d e

■ 图5-4 各种各样的目录

正文版面一致。夹在正文中的编者按语，可与题注一样作为注文处理，或用小号字排，或用大号字排，视其重要性而定，一般可缩短行长，放在篇后或题目与正文之间。

3.2 目录

目录是书籍内容的提纲，又叫目次，它一般在扉页之后正文之前，是读者迅速了解书籍内容的窗口。目录的设计应条理分明，表达出结构、层次的先后顺序，并统一在整个书籍设计的风格之中。目录甚至比其他一些设计项目更注重功能与外观并重。

科技类书籍的目录一般放在前面，因为它对书籍有直接的指导作用；文艺类书籍的目录可放前，也可放在后面。目录设计时使用的字体及字号与正文基本一致，有时也可比正文字号小，如果题口不长，目录也可分两栏。

目录的编排一般有按文章即按篇、章、节的前后顺序或按专栏集中两种方式，其后分别注明相应的页码，以便于检索为原则。

中间对齐向两边伸开，页码数字置于标题下端或上端，这种编排方式给人自由但不凌乱的感觉；或采用阶梯式递进形式，将目录与精致的小图片组合编排，信息量更大，使读者获得更为直观的印象；将目录自由地放置，有横有斜，这种设计貌似无序，实质上更需设计师的周密安排。如图5-4为各种编排方式的目录。

要有意识地注意你所看到的每本杂志、书籍或者报刊的目录页设计。注意不同的内容是如何组合，运用了多少种字体，是如何在字体和排版上运用对比以便找出重要信息，是怎样把主题进行同类合并。另外，还应看看杂志中的目录和图片是如何结合在一起的，注意对齐方式、字体的重复及对比的运用。

4 版权页

版权页大都设在扉页的后面，也有一些书设在书末最后一页。版权页上一般包括书名、丛书名、编者、著者、译者、出版者、印刷者、版次、印次、开本、出版时间、印数、字数、国家统一书号、图书在版编目（CIP）数据等内容，是国家出版主管部门检查出版计划情况的统计资料，具有法律意义。版权页的版式没有定式，大多数图书版权页的字号小于正文字号，版面设计力求简洁（图5-5）。

图书在版编目(CIP)数据

三国演义/(明)罗贯中著.—长沙:岳麓书社,2001
ISBN 978-7-80665-109-4
Ⅰ.三… Ⅱ.罗… Ⅲ.章回小说中国明代
Ⅳ.1242.4
中国版本图书馆CIP数据核字(2001)第057514号

三国演义
作　者：[明]罗贯中　　责任编辑：***
封面设计：戴上隆　　岳麓书社出版发行
地址：湖南省长沙市解放路47号　邮编：410006
电话：0731-8885616
网址：www.ypelubistory.com
印制：湖南望城湘江印务有限公司
版次：2001年9月第2版
印次：2009年3月第63次印刷
开本：850×1168　1/32
印张：19
字数：640千字
印数：5,657,0015,697,000
ISBN 978-7-80665-109-4/I·530
定价：14.50元

版权所有　翻版必究

■ 图5-5 版权页

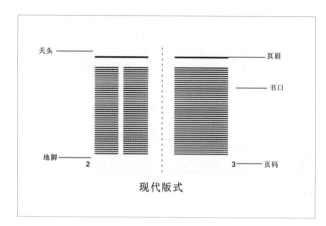

现代版式

■ 图5-6 现代版式

	一般	疏排	密排	英国式
内白边	2	2	2	3
上白边	3	3	3	4
外白边	4	5	4	6
下白边	6	6	5	8

一般

疏排　　　　　　密排　　　　　　英国式

■ 图5-7 几种不同的版心设计

5 正文版式设计

学习目标：明确正文页版面上的主要元素，掌握元素间的编排规律和主要方法。

导语：正文页是书籍的主体，是读者视觉接触时间最长的部分，设计时要考虑读者的视觉生理条件及相应的心理反应，把单调文字版块排列得井然有序，符合人的生理机能，力求做到既阅读方便又保护读者视力，使读者产生轻松愉快的阅读享受。

5.1 版式基础

版面元素：标题、正文、插图、装饰。

版式设计：将版面元素进行必要的编排组合，成为直观动人、简明易读、主次分明、概念清楚的美的构成，使其在传达信息的同时，也传达出设计者的艺术追求与文化理念，给阅读者提供一个优美的阅读"空间"！

了解一些基本概念和元素是版式设计的前提。

5.1.1 版心

版心是指页面上图文信息所占的面积。版心上下左右的空白分别称上白边、下白边、内白边、外白边，也依次称为天头、地脚、订口、书口。版心的设计取决于所选的书籍开本，并以书籍的性质和方便读者阅读为出发点（图5-6）。

设计提示：理论类书籍版心四周的空白应留的宽些以便阅读，而字典、年鉴之类的书籍空白可留的窄一些，以增加空间，减少书的厚度。

版面设计的形式大致分为两种，一是有版心设计，二是无版心设计。

有版心设计即传统版面设计。是由白边与版心组成的。文字、插图、页码、书眉等元素均要受到版心的影响。版心一经确定就将运用到整本书籍，不能随意更改。版心与白边的大小成反比关系，版心大了白边就小，版心小了白边大（图5-7）。

采用何种版心主要根据正文内容来决定，如一些书稿内容太多，避免书籍过厚，就用大版心节省版面。诗歌、休闲、散文等生活时尚类书籍，往往白边较大，给人一种轻松、悠闲的气氛。

无版心设计也称满版设计，是一种没有固定白边，文字与插图不受版心约束，在版面中可以根据构图需要自由设计的形式。如儿童读物、画册、摄影书籍等。

5.1.2 文字

选择正文字体必须把字体的功能放在首位。或者说根据书的内容和性质，弄清楚正文的意图何在？是什么类型的书？读者群是怎样的？要考虑字体的视觉效果，让读者能够轻松地阅读是要把握的关键。

字体的个性：选择正文字体首先应了解字体的个性。汉字的基本字体是宋体与黑体；外文的基本字体是文艺复兴字体、古典主义字体和现代自由体，在版式设计中使用最多也最为广泛。

宋体是一般书籍最通用的主要字体，它的笔画横轻竖重鲜明，字形方正，结构严谨，整齐均匀，具有端庄稳定的感觉。通常社科类和自然科学类的书籍普遍采用该字体。黑体的笔画粗壮，结构紧密，常用于标题和重点文句，显得突出醒目。如果用它编排正文，则色调过重阅读不便。楷体的字形端正，间架结构和用笔方法完全与手写楷书一致易于辨认，一般通俗读物最为宜。但由于楷体字的笔画和间架不够整齐和规则，字的个性不突出，所以一般书籍不用它排正文，而仅用于分组的标题。

字体的大小：书版的正文常用小四号、五号或小五号字，标题常用二号至四号字，注文常用六号字。 选用字体时，应把字体的特色和书籍的内容、性质以及读者的爱好和阅读效果，尽可能地密切结合起来。

设计提示：一本书籍原则上只能以一种字体为主，它种字体为辅，在同一版面中通常只用两三种字体(内容层次较多的除外)，过多了就会使读者从视觉上感到杂乱，妨碍视力集中，不同字体的用法必须前后统一。

字间距与行间距：行距的大小要根据书籍的具体情况来决定，行距选择适当能使每一面的行次分明，不费视力，更便于阅读，如果行距过窄、行与行之间不易看清楚，那么每行字数一多，就会产生跳行的问题；但行距过宽，便会减少版心的行数，从而直接影响纸张利用率。

原则上连续阅读的书，行距要宽些；作参考查阅用的书，行距可窄些；长行的书，行距要宽些；短行的书，行距可窄些；一般书籍的行距过于稀松，版面反而不美观。在一种书籍中，行距应求一致，但为了拼合张数或节约纸张时，也可以适当收缩或放大。相对的两面应保持一致。

正文的字间距应通篇保持一致，最适合人视域的行宽是80～100毫米，可容五号字22～27个；行宽的最大限度约为126毫米，可排五号字34个。假如行宽超出这个范围太多，就会增大阅读时摇头的幅度而使读者感到不适，在这种情况下，最好采用分栏的形式来处理，根据书籍具体尺度可分成两栏甚至三栏；反之，假如行宽小于63毫米的话（约相当于17个五号字），也会因阅读时换行过于频繁而感到不适。一般情况下，字间间距由电脑自动设定。

设计提示：通常大32开本的书籍常采用通栏排版，16开以上的书籍可采用双栏或三栏。字典、年鉴、手册等因其正文短，副标题多，更需要分栏排列。

5.1.3 版面装饰

装饰元素：页眉、书口、页码、尾花和点、线、面等。

设计要领：版面装饰设计一定要与图书的类别和内容相关联，并不是随意加个色块或几条线，它与图书的功能性、阅读性、指导性和艺术性相关联，在视觉上不能过于抢眼。如果这本书不需要这些效果，干脆不作任何装饰设计。有些书籍在版面上只加一些线，或把页码的字体和两旁的角花变换一下，便能收到一定的艺术效果。又如有些序言的标题字可用作者的手写稿，或用作者的亲笔签名来署名，这也是版面装饰的一种方法。

（1）页眉：通常是指设在书籍天头上比正文字略小的章节名或书名等，也可带有装饰图案，它也被称为"眉标"。页眉不但使读者检索书籍更加方便，而且还能起到点缀整个版面的作用，页眉下有时还加一条长直线，这条线被称为页眉线。可以考虑封面的设计元素，不管封面是图书内容的集中提炼也好，还是说内容是封面的展开也好，封面上的图案、图形、符号、色彩、文字等应该都是非常准确到位的，直接引用封面中的设计元素做页眉等边饰设计是比较恰当且省力的办法，这样使图书的里里外外形成统一的整体。

（2）书口：是版心的外白边部分。在编排版面时，细心的设计者在这块空间里充分发挥自己的想象力，使得书口设计成为书籍整体设计的一个有机组成部分。欧美的一些精装本，书口用金银装饰，显示出高贵、典雅的气质。有的还在书口处使用不同的色彩，区分不同的位置，起到帮助读者查阅和美化的作用，中国传统的书籍艺术更重视书口设计。

提示：为避免内容雷同和形式琐碎，一般页眉和书口不同时出现。

【作品赏析】
图5-8为《梅兰芳传》（设计 吕敬人），书口正翻展现梅兰芳戏曲人生舞台形象，反翻体现梅兰芳社会人生舞台形象，使得梅兰芳京剧表演艺术家和社会活动家双重身份得到了再现。图5-9为《民间赛宝》，其书口设计成浓郁的民间装饰纹样。

（3）尾花：最常见的是对版式设计中篇、章的结尾空白进行处理，常常巧妙地安排一些精致的尾花，给予装饰。尾花不仅能点缀版面，用得好还可以成为文章内容的补充。

（4）页码：具体形式大致分两种，一是我们一般概念中的安排，比如说设定一个字号、一个位置，规矩地放在页面的下边，一左一右者居多，各自居中者也有，还有左边与右边居中或居上居下等等，这种情况除了位置的几个变化之外设计的成分几乎没有，往往与边饰及图文关联不是很大。这样的页码在今后的排版中仍然适用，起码不犯错误。第二种就是融入一些设计成分，可延伸至变化无常，同样没有一个具体的模式，要知道这个小小的页码是静止的符号又是舞动的音符，要赋予它生命力。简单说来要把它与边饰设计有机结合起来。标注时一种是扉页、序、目录、正文统一计算页码，而前者不标页码，称为暗码，要从正文的首页才标示页码，正文的首页码可能为"3"或"5"或"7"等。另一种正文的前面部分与正文部分分开标示页码，正文的首页码为"1"，叫另起页码。

篇、章页一般编排在单页码，篇、章页的标题，也可以在双码开始。

5.2 版式构成
好的版式设计，最终目的是使版面具有条理性，更好地突出主题，达到最佳的阅读效果。

◨ **图5-8 《梅兰芳传》 吕敬人**

◨ **图5-9 《民间赛宝》**

5.2.1 文字群体编排的类型
（1）左右对齐式：将文字从左端至右端的长度固定，使文字群体的两端整齐、美观。

（2）行首（行尾）取齐式：将文字行首或行尾取齐，行尾或行首则随其自然或根据单字情况另起下行。行尾取齐的排列相比之下更奇特、大胆、生动。

（3）中间取齐式：将文字各行的中央对齐，组成平衡对称、美观的文字群体。

（4）文字绕图式：是将图片依所需轮廓线处理成特定形状，以便文字沿着不规则外轮廓互相嵌合在一起，给人以自由、活泼、轻巧的感觉。

a

b

c

d

e

◨ **图5-10 文字的排列方式**

分割方法使版面能容纳较大的信息量，而且给人以和谐、理性的美感。

【设计提示】

尊重读者的阅读习惯：①从左往右看；②从上到下看；③各页相互关联；④邻近相连而远距离则意味着分开；⑤大而深的是重要的，小而浅的是次重要的。

分栏型版式的最大特点就是简单，一条竖线就足以把你需要的版面结构区分开来且营造出统一感，能够合理地利用空间，保持版面的平衡，不会出现其他的空白（图5-11）。

5.2.2 分栏

分栏使版面看上去更具比例性，秩序性，这种规范的、理性的

◨ **图5-11 各种分栏式版面**

a   b   c

5.2.3 文字编排的实与虚

文字编排设计的主要功能是在读者与书籍之间构建信息传达的视觉桥梁，正文是文字的主体，全部版面都必须以正文为基础进行设计。一般正文都比较简单朴素，主体性往往被忽略，常需用书眉和标题引起注目，然后通过前文、小标题将视线引入正文。

如何选择字体已经在前面进行了分析，视觉元素如何在一定的空间范围里显示最恰当的视觉张力及良好的视觉效果，与空间关系上对不同字体负形空间的运用有直接关系。版面中除了字体这些实体造型元素，编排后剩余的空间即为“负形”，包括字间距及其周围空白版面，也会影响文字版式设计的视觉效果。负形与字体实形相互依存，使实形在视觉上产生动态，获得张力，有效运用负形空间的特点，可以协调书籍的文字版式编排，如图5-12所示。

我们在处理版面时，利用各种方式引导读者的视线，并给读者恰当留出视觉休息和自由想象的空间，使其在视觉上张弛有度。

5.2.4 版式中的图文配合

（1）单页插图版面

正文版式的图文配合排列千变万化，图必须紧密配合文字。以图为主、插图占满整个版心，并且与邻页的文字面积尺寸相同的插图，称之为单页插图。由于图的面积较大，要求图与图之间的节奏不能太密集，也不能间隔太疏远。展开书籍时一面是文字，一面是插图。适用于独立性较强或需要较大幅面，或需要用与书籍正文不同印刷方法的插图，一般选用较好的纸张印成单页，插入书内有关章节的中间。这种版面插图的大小及位置均按版心统一编排，以视觉舒适、空间搭配合理为佳。单页插入的位置，最好考虑到装订技术，夹在书页两帖之间或一帖的对折处。一般适用于文艺读物、史地书籍和教科书，如图5-13是一组插图需较大幅面的版式。

儿童书籍以插图为主，文字只占版面的很少部分，有的甚至没有文字。除插图形象的统一外，版式设计时应注意整个书籍视觉上的节奏，把握整体关系。这类版面图文的比率比较低、有些图片旁需要少量的文字，在编排上与图片在色调上要拉开，构成不同的节奏，同时还要考虑与图片的统一性（图5-14）。

（2）文字为主的版面

以文字为主的一般书籍，也有少量的图片，在设计时要考虑书籍内容的差别，一般采用通栏或多栏的形式，可以较灵活地处理好图片与文字的关系。

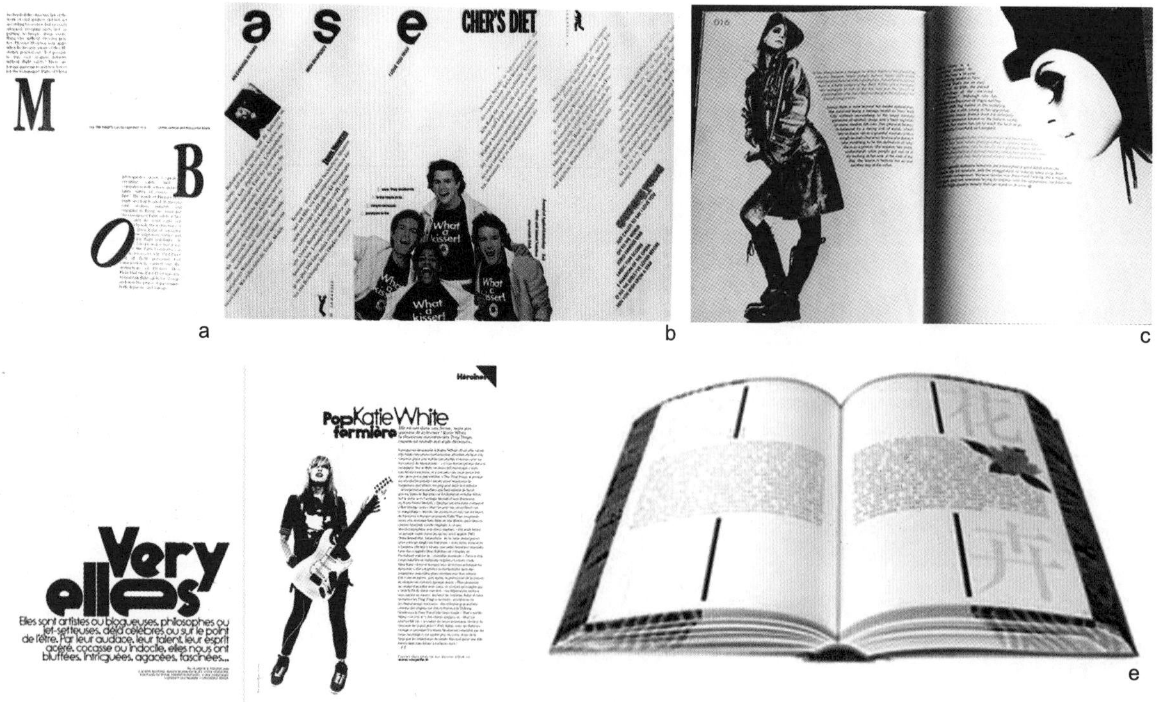

图5-12 文字编排的实与虚

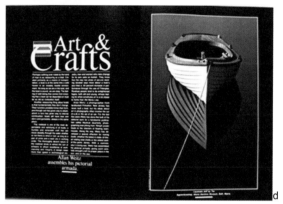

■ **图5-13 插图占较大幅面的版式**

■ **图5-14 一组儿童书籍的版面**

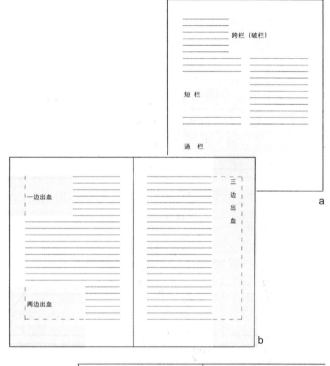

❏ 图5-15 文字为主、方形图的版面

方形图式是图片中最基本、最简单、最常见的表现形式。它能完整地传达诉求主题，富有直接性、亲和性。构成后的版面稳重、安静、严谨、大方，较容易与读者沟通(图5-15)。

"出血"是印刷上的用语，即画面充满、延伸至印刷品的边缘。出血图，即图片充满版面而不露出边框，具有向外扩张、自由、舒展的感觉（图5-16）。

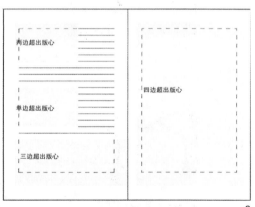

字首突出，往往是长篇内文的兴奋剂，可吸引读者涉猎下文，并强化记忆度(图5-17)。

（3）图文相互依存的版面
图文相互依存的版面编排灵活、趣味性强，这类版式除了文字部分受版心外框限制外，还受插图轮廓的影响。这种插图尽量要求图文对照，与有关文字排在同一面或相对面上，注意图文搭配在视觉上不影响文字的连贯，尽量避免图文不在一个面上。一般书籍的文间插图，只适宜用以线条为主组成的画稿如钢笔画、毛笔画、木刻、铜版画等，文间插图有时也需占用整个版心，或超版面的大幅图版，但仍与小尺寸的插图同样处理，即与文字拼排，并在同一印张中印刷，如图5-18所示。

一般文艺类、经济类、科技类等书籍，各种画册采用图文并重的版式。现代书籍的版式设计在图文处理上大量运用电脑软件进行综合处理，既方便省力也出现了更多新的表现语言，极大地促进了版式设计的发展。图片自由地放置，具有轻松、活泼的特性，形成规范化的整体感，使版面获得相对的稳定。

❏ 图5-16 各种"出血"版式

a

b

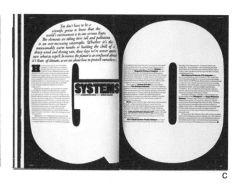
c

图5-17 字首突出的版面

a

b

c

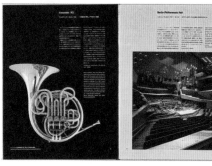
d

e

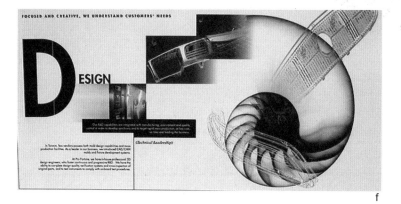
f

g

图5-18 图文配合的版式

【优秀版式欣赏】

a

b

c

d

e

f

◨ 图5-19 优秀版式欣赏

6 书籍插图

插图是书籍的一个重要组成部分，它较接近绘画作品，但又没有一幅画那样独立，也不像连环画那样连贯。它以造型艺术的多种形式和丰富的视觉语言去表达书的主题，解读和深化书的内涵，帮助读者加深对故事情节的理解。它使复杂的内容简单化，抽象的内容具体化，直截了当地说服，帮助读者将晦涩难懂的问题看明白。它使读者在学习知识、获取信息的同时，能得到高雅的艺术享受并提高了书籍的艺术品位。它还可以活跃书芯，使读者从密密麻麻的文字海洋里得以喘息，缓解视觉疲劳，继续阅读。

读图时代，用读图代替文字的快餐文化进一步使图形主流化，文字更趋向图形化，这使传统书籍中的插图创作从原来的从属地位渐渐走向了主体。

6.1 插图的种类

插图依不同性质书籍的要求而各有不同。

6.1.1 艺术性插图

文学作品的体裁和风格是多种多样的，所以插图所表现的形式和风格也极为丰富多彩。要求设计者必须深入地理解原作的主题思想，选择能够集中表达作品主要内容的场面和情节，用构图、线条、色彩等视觉要素形象地描绘出来，不仅可以增加阅读的兴趣，还能够加强文学书籍的艺术感染力，给读者留下深刻的印象。好的插图还必须和文学作品的体裁和写作风格相协调。

【作品赏析】

图5-20所示为刘天舒所作的《大浴女》的插图，采用木刻形式，颇有鲁迅时代的意味，在人物形象的刻画上不重具体的形象，而注重心理活动和肢体语言。通过黑白、动静之间的对比来营造气氛。附着画面的文字独具匠心，既是心理的暗示和对原著的联想，也作为画面上的一片灰色，中和了强烈的黑白反差，同时也是插图艺术独有的手法。

a

b

c

e

d

■ **图5-20 小说《大浴女》插图**

6.1.2 图解性插图

这类插图是如天文、地理、医学等学科书籍必不可少的重要组成部分。它利用视觉语言将不易观察到的现象或事物有选择地突出重点或细节，形象地表达出来，帮助读者认识一些深奥的概念和那些仅靠文字很难说清楚的内容，使读者能够轻松、愉快地加深理解。现代的书籍插图分为手绘形式、摄影形式、数字合成形式以及立体形式等几种类型。

【作品赏析】

如图5-21《视觉教具》（Visual Aid）所示，作品通过通俗易懂的简单插图，提供生活指南的系列图书。包括有：色轮，通用标志，明星星座，如何按摩，意大利葡萄酒产区，如何打结，如何使用筷子，手语，莫尔斯电码等等。这种不拘一格的插图和图表集将让你加快对生活的最新情况的了解，而不需要广泛阅读。

6.2 插图的表现形式

插图的表现形式依不同主题的书籍而丰富多彩。

手绘插图具有较多的表现形式和视觉风格，以富有个性的线条、色彩、笔触、肌理等要素使人们在欣赏过程中，产生一定的亲和力和较直观的情感交流，例如线描、水彩、水墨、木刻、剪纸等。而在创作中，插图作者的绘画风格和个人趣味被最大程度的保留下来，像绘画的创作那样得以体现出其他类型插图所不具备的人文价值（图5-22）。

在文学类书籍中，手绘形式的插图常常通过浪漫主义的方式创作出与书籍主题关联的视觉形象，并使书籍具有了古典和唯美气质（图5-23）。在儿童类书籍中，手绘插图通过比喻、夸张和拟人手法以接近于儿童涂鸦的视觉形式，建立了虚拟与现实世界之间的美好形象（图5-24）。

摄影形式的插图是具有一定写实性和纪实风格的创作手段，它

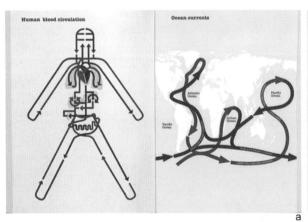
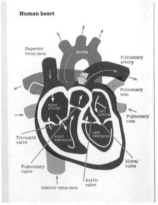
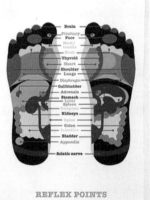
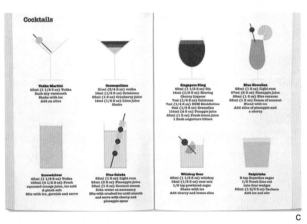
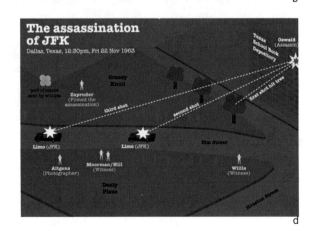

◘ 图5- 21 《视觉教具》(Visual Aid)

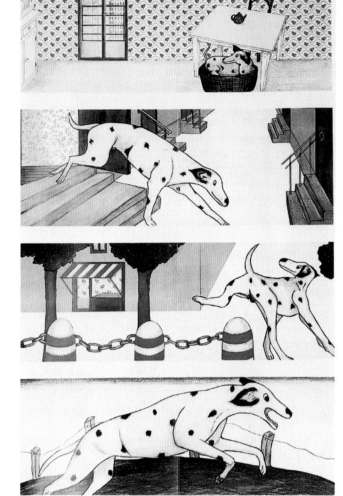

☑ **图 5-22 《图书汉字》插图**

☑ **图5-23 手绘风格插图**

☑ **图5-24 儿童插图**

最能客观地记录和描述对象的视觉信息，在表现对象的色彩、形态、质感、肌理、体积和空间等视觉要素上，显得更为真实和细腻。因而建立了视觉形象与书籍内容之间最直观、最准确的联系。通过与书籍中图文版面的混合编排以及版面中其他元素的对比，起到活跃版面的作用（图5-25）。

数码合成形式的插图是利用计算机技术创作出来的图像形式，插图的创作者可以通过设计软件强大的视觉处理能力随心所欲地创造出多种样式，在处理虚拟与真实、抽象与具象相结合的形象方面，兼具了手绘插图的主观性和摄影插图的客观性，因此数字形式的插图在现代书籍中具有更丰富的表现空间（图5-25）。

b

◘ **图5-25 摄影形式插图**

图5-26为意大利插画师Alessandra Vitelli的作品，他的作品抽象中也带着些许童话色彩，画风独特，且故事性强。

a

b

c

d

◘ **图5- 26 一组国外儿童插画**

一套好的书籍插图，不仅仅要画好插图本身，而且应当与书籍整体设计一起考虑，对一本书进行从头至尾视觉流程的设计及心理流程的设计，将插图置于整体中来考虑（图5-27）。

【插画欣赏】

a

b

c

d

◪ **图5-27 一组建筑书籍插图**（清华社文泉书局）

思考题：

1. 书籍是由哪几个部分构成的，它们在书籍整体中的关系和作用是怎样的？

2. 各类插图在书籍阅读中的作用是什么？

设计练习：

1. 按照上一章封面设计的题材，按书籍的结构继续完成正扉页、勒口、环衬页、目录页、版权页、序言页等内容的设计。并继续完善内容，完成书籍的正文、辅文、页码与书眉的设计。

2. 设计一套以插图为表现形式，以自我形象为故事角色的图书。

3. 设计主题：《我的视觉日记》。

附录·学生习作欣赏

□ 附图1

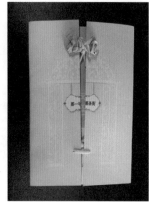

□ 附图2

□ 附图3

□ 附图4

□ 附图5

□ 附图6

□ 附图7

□ 附图8

□ 附图9

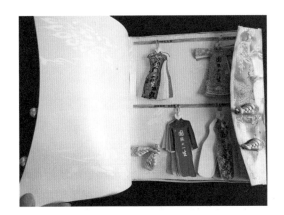

附图10

附图11

附图12

附图13

附图14

附图15

附图16

附图17

附图18

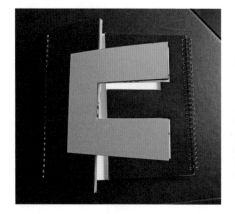

◨ 附图19　　　　　　　　　　◨ 附图20　　　　　　　　　　◨ 附图21

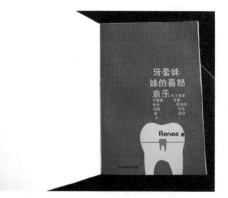

◨ 附图22　　　　　　　◨ 附图23　　　　　　　◨ 附图24　　　　　　　◨ 附图25

◨ 附图26　　　　　　　　◨ 附图27　　　　　　　　◨ 附图28

◎ 附图29

◎ 附图30

◎ 附图31

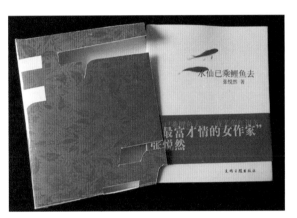

◎ 附图32

◎ 附图33

◎ 附图34

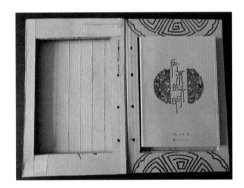

◎ 附图35

◎ 附图36

◎ 附图37

◎ 附图38

◎ 附图39

参 考 文 献

[1] 汪稼明. 国外书籍封面 [M]. 济南：山东画报出版社，2002.

[2] 杨宗魁. 台湾创意百科设计年鉴 [M]. 台北：设计家文化事业有限公司，2001.

[3] 王绍军. 创意书籍和印刷物料 [M]. 大连：大连理工大学出版社，2001.

[4] 杜晓燕. 元素的趣味 [M]. 郑州：河南美术出版社，2010.

[5] 蒋　琨. 书籍设计 [M]. 北京：人民美术出版社，2010.

[6] 徐　累. 阅读的姿态 [M]. 北京：中国人民大学出版社，2010.

[7] 许　兵. 书籍装帧设计与实训 [M]. 沈阳：辽宁美术出版社，2010.

[8] 张　淼. 书籍形态设计 [M]. 北京：中国纺织出版社，2006.

[9] 吕敬人. 书艺问道 [M]. 北京：中国青年出版社，2006.

[10] 杨　苗. 国外书籍设计 [M]. 南昌：江西美术出版社，2006.

[11] 王绍强. 亚太设计年鉴第四卷 [M]. 广州：三度文化传媒有限公司，2008.

[12] 子　木. 艺术与设计 [OL] http://blog.sina.com.cn/zmsxsj

[13] 刘翔华. 书籍设计 [OL] http://blog.sina.com.cn/u/1718059197

[14] 刘运来. 用设计思考书 [OL] http://blog.sina.com.cn/cookbookdahei

后 记

本书通过书籍设计的基础知识结合设计应用的实际案例的方式编排内容，使学生在学习过程中对书籍设计产生兴趣并确定自己的学习目标，学会选择准确的视觉语言进行书籍设计表现。希望同学们从多角度学习和借鉴优秀作品的闪光之处，通过对国内外优秀设计作品进行分析来提高自身的设计水平。

本书所使用图片资料的部分作品未查出作者详细信息故未列出，还望见谅，作者可与本书作者陆路平联系，电子邮箱：luluP1234@126.com。在本书的编写过程中，由于自身水平和时间的限制，部分内容难免有失准确和遗漏，请各位同仁提导，同时欢迎广大读者交流，提出宝贵意见和建议。

本书的编写和出版，得到了刘宝岳教授的悉心指导，同时也得到了张立教授的鼎力支持，还有杨秀丽老师以及祝语涵、冯春燕两位同学和魏道鹏同学的大力支持，他们为本书的图片编排做了大量的工作，以及刘慧老师的帮助与支持在此表示衷心的感谢。